一 个 人 ， 遇 见 一 本 书

Japan

United Kingdom

France

Italy

New York

Germany

Shanghai

世界杂货散步

日本×筷子

意大利×咖啡

德国×花草茶

法国×笔记本

纽约×牛仔裤

杯

简佳玺 著

TopBook
饕书客

陕西出版传媒集团
陕西人民出版社

图书在版编目（CIP）数据

世界杂货散步/简佳玺著. –– 西安：陕西人民出版社，2014

ISBN 978-7-224-11371-6

Ⅰ.①世… Ⅱ.①简… Ⅲ.①日用品 – 介绍 – 世界

Ⅳ.①TS976.8

中国版本图书馆CIP数据核字(2014)第279532号

著作权合同登记号：25-2014-014

出 品 人：惠西平

总 策 划：宋亚萍

策划编辑：王 倩　王 凌

责任编辑：关 宁　韩 琳

设计制作：毛小丽　唐懿龙　李 静　杨 博　王 芳　张英利　任晓强

　　　　　张玉民　符媛媛　张 静　任敏玲　张 斌　任海博

世界杂货散步

作　　者　简佳玺

出版发行　陕西出版传媒集团　陕西人民出版社

　　　　　（西安北大街147号　邮编：710003）

印　　刷　陕西金和印务有限公司

开　　本　787 mm×1092 mm　16 开　13.75 印张　1 插页

字　　数　180千字

版　　次　2015年3月第1版　2015年3月第1次印刷

书　　号　ISBN 978-7-224-11371-6

定　　价　39.80元

目录

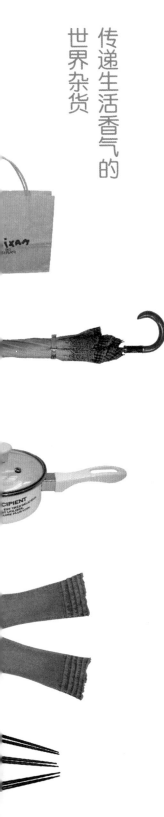

对我来说，杂货最为迷人的部分就是每天持续使用的生活感，一种人与物品互动的痕迹。

使我着迷的是藏在杂货后面的历史与生活故事，那是刻画当地人民生活面貌的美丽印记，使得杂货不仅仅是物品，它们书写着生活态度，散发出生命力的香气。

一只平凡的锅具，一种寻常生活的饮品，一件因应当地气候的雨衣，它们浸染着历史的痕迹以及常人生活的经验，于是，平凡的杂货因而有了生命，对我来说，它们都是富有无比魅力的物品。

我在旅行与工作经历中探索着，也使用着，每一次与一种生活杂货的接触，都是美妙又愉悦的经验。有的是经典的生活品牌，有的则是名不见经传的市井小物，这些杂货在当地人生活中被使用着，流传着，慢慢地成为只有当地人才熟悉的好用良品。

从台湾出发，上海、东京，到欧洲，在旅行的足迹中，我使用这些生活杂货，也受它们的影响。烙印着生活气息的物品，会因为每日经常使用，与自己的生活产生深刻的联结。

带着喜爱的杂货，回到自己生活的地方，在熟悉的城市继续使用着。于是，它们不仅是属于一个城市众人记忆的杂货，透过日常生活中的持续相处，它们也成了我的杂货。

蕴藏着时光堆积的物品，与自己的生活联结着，它逐渐也会融入我的生活痕迹，成为一种既安心又美好的存在，透过这些杂货，你知道每一天的生活都能这样平淡却又实在地继续下去。

出版前夕，我阅读着这些文字，当时漫步世界杂货的片段又在我的脑海一一浮现，上海的棉被拍、日本的室内拖鞋、英国的野餐篮……人与物的交融记忆如此鲜活。于是，珍藏着的那些美丽的记忆，化为文字，则是我回报那些记忆最恳切的态度。

《世界杂货散步》，里面有我与杂货的爱恋痕迹，以及当地人民每天使用，浸润着生活感与文化氛围的气息。但愿它们也会成为你们生活中的一部分。

Judy

考虑他人的室内拖鞋

对于日本人来说，室内拖鞋不仅是因应生活需求的重要用品，它也是一种礼节，对于卫生健康的考量，甚至还与宗教上的神祇崇拜有深厚的相关性。

使人安心的收纳盒子

精确收纳的精神在于体现效率，使用任何东西时都能快速明确地找到摆放位置，这种快速与便利让人安心，不至于做出仓促的判断。

发人深省的薰香

薰香，起源于圣经时代，流传于西方古文明世界，却在日本文化中发扬成为香道。这种赋予着美好精神层次的杂货，承载着历史与美学的重要意涵。

承载文化使命的筷子

每年8月4日是日本国定的筷子节，在这一天，家庭主妇会采购新筷子，将旧筷子予以焚烧，感谢筷子帮助人类用餐的贡献。

围聚温情的铁板烧炉

日本在平安时代才传入中国的铁板暖炉，一开始只是武士阶级与贵族们专用，直到江户时代来临，铁板炉才普遍为民间使用。

日本 JAPAN

考虑他人的室内拖鞋

物品的风行，经常与生活习俗或居家空间形态有紧密的关联。室内拖鞋是一种平凡的生活小物，在亚洲国家普遍风行，其中又以和式居所的日本空间所衍生的室内拖鞋最具文化特色。

对于日本人来说，室内拖鞋不仅是因应生活需求的重要用品，它也是一种礼节，对于卫生健康的考量，甚至还与宗教上的神祇崇拜有深厚的相关性。从日本传统习俗与居家空间所衍生的室内拖鞋，可以解读出深厚的日本生活民情与文化逸趣。

▲卫生的清洁考量

室内拖鞋起源于日本的室内起居文化，日本人不仅在自家有脱鞋的习惯，就连在公共领域的集体活动也有脱鞋的风俗。即便学生课堂或各种成人学习教室中，也都采取脱鞋入室的规矩。为了礼貌起见，穿着一种类似袜子的室内鞋套或袜套，便成为普遍的风俗。

主妇们外出学习花道与茶道课程时，会在包包中携带着室内拖鞋。不同于我们的国情，由主人提供拖鞋让客人穿着，这种自行携带室内拖鞋的习惯，似乎更合乎卫生考量。

进入室内换穿拖鞋，主要也有清洁的考量。重视室内外环境卫生的日本人，希望房子能随时保持干净，不要将鞋子沾到的肮脏或细菌带回室内。因此，换上干净的拖鞋，能防止沾染尘土的鞋子进入及污染私人空间。

对于在公共领域活动的人们来说，脱下鞋子的双脚应该受到室内拖鞋的包覆，如此可以避免双脚的异味影响他人；对于聚集众人的大型空间来说，自备拖鞋非常符合自我负责的卫生习惯，以及日本人不希望干扰别人的性格。

这种习惯在学校与其他空间普遍实践着，家长必须为孩子准备室内穿着的鞋子，好让孩子在教室门前更换；进入不同的教室、办公室与洗手间都需要换穿不同的拖鞋，以保持不同空间的环境清洁；就连父母到学校参加家长会时，也必须自备更换用的室内拖鞋。因为有换穿室内拖鞋的需求，日本的大型公共空间在设计之初，建筑蓝图中都需要特地事先规划更换与摆放室内拖鞋的空间。

▲空间需求下的风物

拖鞋之所以应运而生，与日本人的室内空间观点也有莫大关系。这要谈到日本传统住家的结构，主要由三个部分构成：瓷砖、地板与榻榻米。玄关门拉开后，首先映入眼帘的是一个小小的瓷砖空间，这里会摆放鞋柜，在空间的定义中，是让主人与客人寒暄问好、表达欢迎之意的场所，被邀请进来此玄关空间的客人，必须在此脱鞋，然后再进入地板空间。

● 这是连旅行都便于携带的室内拖鞋、鞋套组（元超）

所谓的地板空间，就是比玄关瓷砖高约三十厘米的木板地，脱完鞋的客人跨上木地板后，在此换上室内拖鞋，才能进入日本人的住家空间。

对于日本人来说，空间的界定如此之严密，即便是脱鞋的瓷砖空间也只有客人才被应允进入，如果是收费人员或

◎室内拖鞋传达着对清洁的考量，以及对他人的尊重（元超）

邮差，都无法进入此空间，因为这是介于私与公领域之间的交替地带，若非经过主人邀请的私人性拜访，则无法长驱直入，像收费人员就必须在玄关门外进行等候，而保险业务员的签约事宜则可以在玄关内的瓷砖空间中办理。不同的空间有不同的性格与合适进行的社交行为，严谨的日本人绝对不会做跨界的事情。

▲进入榻榻米之前的拖鞋

这种对于空间的严格界定，不仅在住家彻底执行，同时也充分运用于各种公共空间，特别是温泉旅馆。

来到温泉旅馆的玄关入口，客人同样会被要求脱下外鞋，这时在高一阶的木地板上会看到一排排列整齐的拖鞋供旅客换穿。

榻榻米房间在日本室内被定义为最上等空间，是由最高级的神明或家中祖先所庇佑的空间，赤裸着脚最接近神，所以只有榻榻米房间被允许脱下拖鞋进入。

因此，相对于瓷砖地的下等空间与榻榻米的上等空间，木地板可说是一个联系的中性空间。换穿过拖鞋的客人，这时必须跟随着接待员来到投宿的房间。穿着拖鞋走过铺上木地板的通道空间，一直到进入榻榻米房间之前，才能将拖鞋完全脱掉。

▲ 保暖与便于携带

除了空间的定义，以及对于礼貌与健康的要求外，室内拖鞋在冬天更有保暖的实际功能。日本的冬天普遍低温，脚部容易受寒，穿上室内拖鞋能有效保护容易受寒的双脚。

因为室内拖鞋是日本人礼仪与卫生的具体表现，母亲从小便会教导子女携带室内拖鞋的重要性，当地的生活用品店也都能轻易买到这种室内拖鞋。一般设计是做成能够折叠的软皮底，上面缝制花布或绒布的拖鞋面，软皮底上面再缝制松紧带，所以拖鞋就能像袜套般整个包覆住双脚，以便利穿脱。

● 毛线织成的室内袜套，让漫长的严寒冬夜，双脚有个温暖的保护

◉无印良品的携带式室内黑色合成皮拖鞋

为了方便主妇们随身携带，或是外出旅行时也能充分使用，大多拖鞋的设计都能轻易地折叠，质地也很轻巧，使用完毕后，折叠起来就可以收放入布袋中，如此不但收纳便利，同时也能保持女性优雅的形象。

◉女性风味十足的室内拖鞋套（元超）

▲我的室内拖鞋

室内拖鞋虽然离我们的生活有些遥远，有时也觉得总是携带拖鞋出门，未免太小题大作。但是，由这件小杂货在日本受到的重视与风行，或许可以理解到日本人重视生活品质，以及尊重他人的具体表现。在这个生活杂货上端详到无穷的文化深意，我认为这是地方性杂货最为可爱之处。

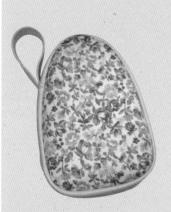

◉将拖鞋折叠起来，小心收纳在布袋中，这些生活细节，透露着日本人重视生活品质的态度（元超）

使人安心的收纳盒子

各种收纳盒就像大型的包装盒，浪漫一点的说法是，每个收纳空间都包藏着惊喜与梦想。没有打开过的收纳盒孕育着秘密，像是潘朵拉盒子的味道。盒子又是被包藏在生活空间中的小空间，收纳着千百种杂物，所以机能性就显得特别重要了。

地小人稠的日本，素来以懂得收纳闻名。因为生活空间的限制，他们创造了诸多收纳物品。其中，各种收纳盒子最具有日本人独特的生活创意，它们帮助日本人构筑自己的秩序空间，尽管地方狭小，但却少见紊乱。创造秩序与美感的收纳盒子，是日本人生活中最为实际又深富哲理的杂货。

▲日本人的收纳渊源

说到收纳盒子，就不能不提日本人的收纳观。日本是擅长收纳与整理的民族，整个社会也因为重视收纳整理而产生许多收纳达人与专家。

日本人对于收纳的重视与日本的住宅空间息息相关。由于日本住宅空间非常狭小，建筑师与设计师非常懂得如何在狭小的空间做文章，因而能创造出独特的空间文化，运用科学性的收纳观念便是其中一种非常有意思的产物。

●有一只镀锌铁皮盒，可以很好地收纳文件、CD，以及各种信件（无印良品）

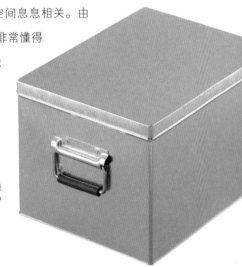

日本政府在1970年推行一套政策，让每个日本人都能拥有自己的房子：只要在公司里稳定工作，就能获得银行贷款而购得房子，所以在日本拥有私人住宅的比例非常高。为了要让大多数人都能拥有自己的房子，在有限的空间下，每一户房子就必须非常节约空间。

日本建筑师懂得在最小的面积中，创造出满足一家人生活的大空间，并透过屋内组合家具的设计，将生活所有日常用品予以收纳，以便最大限度地利用空间，同时在收纳物品之余，还能够与室内装饰的创新概念结合。所以，日本住宅的一大特色就是储物空间非常多，就连一面墙也是活动的设计，拉开来里面往往藏有意想不到的空间。

©珐琅纸箱信件组（无印良品）

建筑师的任务是要让屋内空间看起来尽量宽敞舒适，就算是一面墙，拉开来往往内藏玄机，后面可能是一扇柜子或贮藏间，甚至有可能从墙底下拖出一张床，使用完毕后再收回墙中，这种节约空间的思维往往创造出非常灵活的空间设计。

▲收纳的哲学

在日本能够把收纳空间打理得很好的主妇，通常会受到别人的敬重与好

评，也因此才会出现那么多的收纳达人与专家。

日本相当重视抽屉的收纳概念，抽屉可说是收纳的基本小单位，由抽屉、小柜子、小盒子构筑成一个大的组合柜。这样可以将所有杂物精确分类，一一摆放在不同的抽屉中。而精确收纳的精神在于体现效率，使用任何一样东西时，都能够快速明确地找到摆放位置，确实大大地提升生活的便利性与效率。这种快速与便利使人安心，不至于做出令人感到仓促的判断。

抽屉的整理基本概念是，尽可能地将抽屉打理得干净清爽，每个抽屉以收纳一个主题的物品为原则，秉持此原则，即方便物品找寻与分类定义。于是有专门放置香水的抽屉、收纳文具的抽屉与放置重要文件的抽屉，你也可以创造出属于自己的主题类别。

抽屉的主收纳类别确定后，接着便决定次要类别。在同一类别的抽屉中，使用各种分隔盒，创造不同的区块，也就是再细分抽屉中的使用空间，这能使抽屉收纳更有组织性。

最后则是抽屉的秩序性：抽屉中物品的存放以一眼望去，不重复堆砌为原则。这样才能在每次打开抽屉时，马上看到要找的东西，这一点很重要。

▲收纳第一品牌

因应日本的国情需求而创立的居

● 学习一个抽屉只收纳单一主题物品的原则，每一种物品都有其合适的收纳位置（无印良品）

家品牌无印良品（MUJI），多年来生产了许多好用的便利收纳用品，堪称历久不衰的人气收纳杂货品牌。提倡俭约自然的无印哲学，大多商品都采用简单质朴的素色设计，运用在收纳盒与收纳系统的设计时，质朴的色系可以帮助统一室内空间的视觉，并保持空间的清爽。

像是白色透明塑胶材质的PP系列，一来可以使人若隐若现地看到收纳物品，同时白色又为空间创造清爽宽敞的视觉效果。透过规格化与系统化的设计，在收纳时，可以考虑整体空间的视觉与设计感，不至于因为强调机能而丧失美感。无印良品的收纳哲学让我们学习到收纳盒也有助于美化居家空间，每样东西都有容身之所时，空间便不会出现多余的杂物。这是无印良品的设计最深得人心之处。

抽屉也是无印良品很重要的收纳元素，这种抽屉式的收纳盒根据大小，分为基础抽屉、小物抽屉与狭小空间专用的抽屉三种。所有抽屉都能够堆叠成一个水平面，使空间整齐划一。另外并依据放置的物品，有不同的抽屉尺寸分类，使用时完全可以根据自身空间与放置物品特性的需求来选择组合，是非常

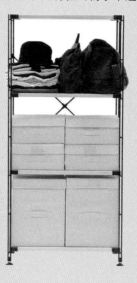

●木制棚组，马尼拉麻编篮收纳（无印良品）

●米色的收纳盒可以帮助统一室内的杂乱色调，使视觉和谐美观（无印良品）

便利的设计。

▲使人安心的收纳

观察一个人的心思是否缜密，不妨尝试观看他的收纳能力。永远都找不到东西的人，他的抽屉一定处于混乱状态，因为对于他们来说，抽屉只是堆放杂物的暂时处所。

收纳的另一个用意，旨在建立有秩序的小宇宙。如果每样东西都能按照逻辑与原则安放，那么身处其中的人就可以感到安心。

一如厨房是个需要大量收纳的空间。村上春树不是说过吗，厨房就是一个世界。因为厨房由许多精密事物所构成，细密复杂的程度宛若一个小宇宙。也因此，厨房中要有很好的收纳与分类功能，这样在进行料理制作时，临时要使用任何东西便能很快找到收放的位置。

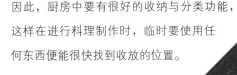

遗憾的是，许多厨具设计并没有好好地为使用者进行考量，大多数抽屉只是聊备一格的配置。真正经常使用厨房的人，就会发现抽屉怎么也不够用。如果要避免东西堆放，就需要自己创造分隔柜形的

●我喜欢使用美丽的喜饼铁盒来收纳水彩颜料，那使得每一支颜料都像糖果一样，甜美且珍贵

抽屉来帮助分类。

分隔细致的小隔间，就如同一个小世界，所收纳的物品依照自己的定义与规则，安置在不同的小隔间。当所有物品都能定位在所属空间中，下次要使用时，绝对不会出现临时找不到东西的慌张感。收纳带给我一种活在现实中的稳定感。

收纳藤篮（无印良品）

▲我的收纳盒

我有许多美丽的盒子，全部用来收纳各种需要保存的物品。时光浸润的物品、新的物品，在合适的盒子收纳下——变成好用的良品。

不只是新的、常用的物品需要收纳，旧的物品也需要妥善保管。有的物品即使经过时光流逝，也绝对舍不得丢弃，那可能是小学时代的成绩单、陈旧的作业本、小时候使用过的橡皮擦或文具，或者是自己画过的小卡片、青春时期的情书物件等等。打开盒子，看着被妥当收放的纪念物，如同走入时光机进行一场回忆的旅行。所以，每一只盒子都是某个记忆片段的时光机器。

用漂亮的盒子来收纳各种物品，像资料、朋友送的卡片与信件、丝巾、画图用的水彩颜料。东西无论新旧，高级还是普通，只要被自己挑选买回来的各种物品，就应该有其价值。更何况是来自朋友充满心意的赠礼与信件，自然更值得用心典藏。

　　收纳盒子并不一定要买现成的收纳盒，巧克力的盒子、精致高雅的饼干铁盒，光是外表的瑰丽色彩与图案就使人心情愉快。使用过的盒子，历经时光洗礼，越使用就越能够体会盒子本身的亲切感。善用这些日常生活所产生的二手盒子，当你再度运用的同时，就能够发现更多的使用乐趣。

　　日本人的收纳哲学，是一种秩序与管理的精神，伴随这精神的是惜物与爱物的心情。收纳东西，这行为即意味着对于物品的尊重态度。运用这些富有艺术气息的盒子来收纳，让收纳物品的美感提升，不知不觉中物品的魅力也跟着展现。把惜物的心情融入收纳盒子中，物品自然能够长长久久地与我们相伴，这是日本收纳盒子带来的美妙启示。

●大一点的礼盒
用来收纳丝巾，折叠
好收纳其中，就可以避免产
生褶皱

发人深省的薰香

薰香，起源于圣经时代，流传于西方古文明世界，却在日本文化中发扬成为香道。这种赋予着美好精神层次的杂货，承载着历史与美学的重要意涵，可说是散发着淡淡历史香气的杂货。

爱好香气的日本民族，从生活中品香，在环境中运用香的魔力，独处时也透过香来净化情绪与灵魂。富有高度精神质素的香，是日本人生活与精神的重要依托，也是愉悦凡人与天神的美妙杂货。

▲日本精深专业的香道

爱好风雅的日本人将香视为陶冶精神的美好艺术，在公共领域参与品香活动，在私人领域使用香来陶冶精神。礼佛时点着香，静坐、读书或沉思时也要有香陪伴，而冥想的独处状态更是香的舞台。

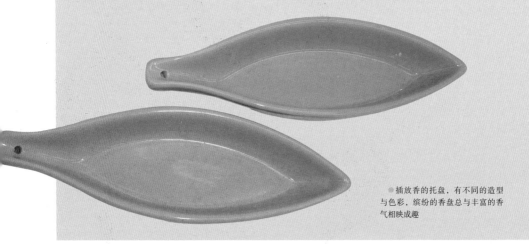

※插放香的托盘，有不同的造型与色彩，缤纷的香盘总与丰富的香气相映成趣

日本专职香人的主要职责，在于品味与理解香气。香道因而成为一种心灵层次相当高的学问，也是修身养性的生活美学。品香在日本有许多不同的层次，你可以参与香道协会举办的品香会，跟着引导慢慢理解不同形式的香气境界，进而达到修身养性的自我修炼目标；你也可以在一般的香店铺购买喜爱的线香，在家中邀请三五好友分享品味香气的喜悦。据说，这种在居家举办的私人品香聚会，是后来品香学校的原型。

香道遂在日本形成了一种联结着自然、香气、诗歌与精神的艺术。品味着各种不同的香气，分析与理解香气的层次，在香气中追求心灵平静，缓解焦虑紧张的情绪，进而成为一门高雅与感性的艺术。

▲悠远散发香气的历史

香的世界非常深远广大，至少有超过四千年历史。早在圣经时代已经有线香的使用记录，许多古文明遗迹中也都有香的踪影，包括古代埃及、印度、罗马与希腊。埃及从阿拉伯湾进口香树脂并运用于宗教仪式。焚烧着袅袅的香气，埃及人认为有驱走鬼神的作用，同时也是赞美天神的表现。

公元前5世纪，以色列人将线香运用于宗教祭拜，在圣经记录中，耶稣诞生时，三位智者所赠送的礼物之一就是线香。公元5世纪时，线香经由佛教徒传入日本，尔后便流传于日本与亚洲各民族，线香广泛地同时被基督徒与佛教徒所使用。

在历史上，线香最高等级的应用便是服侍神明，无论基督教或佛教都有类似的仪式，以高级的香来赞美天神。线香更用于杀菌与避邪之途，在印度、日本与泰国等地使用线香，有驱除鬼神、赶走瘟疫的说法。

日本在公元595年就已经有线香，刚开始被佛教人士应用在净化身体的佛事仪式中。公元14世纪时，日本武士在作战前会焚烧线香来熏武士盔甲，借由这种香气获得英勇的力量。

到了公元15世纪，线香在日本成为普及于上流社会的精致艺术。线香的种种应用学问甚至发展成专业的香道，等同于花道与茶道的博大精深。众所皆知的茶道大约花了十五年的研究时间才形成理论体系，而更为精深悠远的香道则花了日本人超过三十年的时间来成就其伟大。

▲日本生活中的香

日本是一个爱好香气的民族，这点从线香与薰香种类繁多就可以理解。香除了有五味之分，还有不同季节的专属香气性格，甚至还发展出适合不同温度的香气特性。香气的季节属性在日本尤其明显，如春雨、冬雪、秋雾、夏潮……这些都是爱好大自然的日本人所研发的独特香气。

香气能调剂居家空间温度，也有助于营造特别气氛，它对于过于湿冷的环境更有调节的作用。日本人喜欢在多雨潮湿的季节里，在浴室点一支梅子线香，多雨的气候使得浴室里经常有种化不开的湿气，而梅子的悠然甜香，可以伴随着人们刷牙洗脸，优雅地开启一天的序幕。

在日本颇受欢迎的是梅子气息的薰香，独特的酸甜气味，适合在梅雨季节使用。而牡丹香那略带华丽甜蜜的香气，则常运用在冬日节庆。重视宾客关系的日本人，也喜好在玄关入口点上一支茉莉线香，茉莉是一种具有迎宾气息的

香气，如此家中入口就沾满茉莉淡雅的香气因子，同时也赶走了阴暗与湿气。

在日本旅行，有机会也可以买到各种品牌的经典线香。当地有许多风景优美的地方都是制香圣地，产香品牌往往都是超过百年以上的老店。最值得称道的是宫钉一带的淡路岛，自古以来就是线香的主要产地。这个产香圣地开始制香的传奇也很美，据说是在公元595年时，淡路岛的人们发现从海上漂来许多沉香木，这种珍贵的沉香木便是制香原料。于是当地人开始运用沉香木制作线香。至今，淡路岛还有许多线香工厂，并提供观光客参观与自己动手制作。如果有机会去那里旅行，尝试做一组自己风味的线香，该是多么风雅的事啊！

▲安定灵魂的香

走进香的深沉世界，发现香气与人的脑波有着密切关系：广为人知的沉香与白檀能使脑波安定，有助于镇静情绪，对于焦虑与不安的心情具有缓和作用。

这是因为香能够在很短的时间内散播开来，深入内心，透过气味慢慢影响人的精神状态与情绪。

我因而发现悠远的香气使人安静，让人追寻灵魂的内在力量。被那样的气味环绕着，总是能特别安心。

◉盒装的线香，我认为是送礼的好选择，仿佛能将满溢的香气，传递到对方心底

我曾听说过一种有意思的分析：感性浪漫者喜欢点燃蜡烛，而理性倾向的人则偏好使用薰香。据说，越高阶与科技产业的经理人越偏好薰香带

◎空间中点燃一盘香，淡雅的香气可以感动天神，也能够安定灵魂

来的镇静作用。姑且不论这分析是否准确，薰香对于心灵的镇静作用却是毋庸置疑的。

▲我的寻香之旅

我对于香的喜爱，源于舅舅开的古董店。他的古董店里经年飘散着一股沁人深远的香气，原来他点了某种印度檀香。不同于我们平常使用的线香，这种檀香有着厚实的柱形外观、金黄色的色泽，外边裹着一层金黄色的玻璃纸。每次走进古董店，就像走进一个悠远深邃的空间里，在那里，时间是被定格下来的。

我像发现新大陆一般的发现了香的魔力，因为好奇这世界上有多少种香气，自此开启了我对于香的追寻。就这样在生活的寻访中，旅行的香气探险中，一一与各种喜爱的香相遇。然后将这些飘散着优雅香气的线香收放在专属的抽屉里，经常点燃使用。无论生活中拥有多少压力，背负着多大重担，在点燃薰香的当下，我总是能被香气感染，适当地点燃灵感，启动一天的好心情。

冬天的夜里我特别喜爱苹果与肉桂的线香香气，苹果甜美的气息能让冬天的湿冷与沮丧感降到最低，肉桂带点辛香的温暖甜味，则能安抚受冻与疲劳的心情。依兰优雅迷人的气息很适合节庆感觉，在朋友相聚的夜晚点燃，有助于提升兴奋的情绪，让人与人之间的感觉更为靠近。

日本薰香是精神与文化下的产物，拥抱着传统，更在岁月演进中累积香道的精髓文明。就算不懂得香道，若能点上几炷自己喜欢的香，让室内充满着熟悉气息，那么，回到家中，就好像有股温暖的氛围将自己圈住。优雅又深沉的气味，那是使人远离孤独，提供暖意的香气杂货。

● 栀子花香气的线香，能为阴冷的空间释放香甜温暖的气息

承载文化使命的筷子

世界上使用筷子用餐的人口，至少占全世界的三分之一。如此庞大的人口，造就了筷子历久不衰的地位。源自中国的筷子，传入日本后成为日本民族所景仰尊崇的生活食器。承载着历史与深远文化，浸染着岁月痕迹，日本人将筷子发扬成具有文化深意的食器，在每一个吃米饭的日子里，日本人使用着筷子，并持续传播着筷子独有的魅力。

◎小小的一副筷子，承载着丰富的饮食文化、礼仪以及生活美学

▲日本的筷子文化

日本人从中国沿袭筷子的使用传统，在唐朝由遣唐使传入日本，直到今天，日文的筷子称呼仍然保持着中国筷子的古称——箸。

就算日本不是发明筷子的民族，却也因为长期以来筷子与日本饮食的紧密血脉，让日本人对于筷子具有极度深厚的感情。每年8月4日是日本国定的筷子节，在这一天，家庭主妇会采购新筷子，将旧筷子予以焚烧，感谢筷子帮助人类用餐的贡献，学校与家庭也会在这一天教导孩子筷子的用法与筷子的传统珍贵价值。

日本人对于筷子有一种坚持与热情。他们真心地崇敬着由中国传入的筷子，对于他们来说，筷子不仅仅是生活食器，更是富有历史深度的文化杂货。

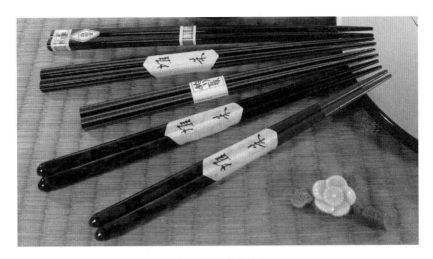

●若狭涂箸——堆朱系列（御多福）

经过长久历史的演化与发展，筷子在日本生根，并产生了独到的当地风格。甚至有专门精攻筷子工艺的职人，将它当作博大精深的文化事业，一辈子投掷心力经营着。

日本的筷子店至少有几千种完全不同的筷子，不论是现代或古典风味的筷子，都能从生活需求与美感角度，设计出多样且符合各种饮食用途的艺术感筷子。有专门供应茶泡饭的筷子，前端比较粗大，对于夹持汤饭具有稳固作用；还有专为夹取鱼肉设计的筷子，前端设计得较为尖细，便于夹取；甚至有适用于夹取纳豆的筷子，其前端设计成扁平形，如此对于圆滚形状的食物会有很好的固定作用。那么爱好拉面的日本民族，自然也有为了食用美味拉面而设计的筷子，对于卷面条有很大的助力呢！

▲筷子小历史

如今成为亚洲饮食最主要食器的筷子，其实由中国人所发明，日本、韩国、越南等民族的筷子习俗则是从中国传入。

筷子的使用是就远古时代人们的饮食方式来设计的，当时人们生火将食物烤熟，然而若要使用双手取食会被高温烫到，于是，便顺手折下两根树枝或竹枝，运用树枝的辅助来夹取食物。这便是筷子的原型。

后来筷子便从两根细竹子开始演化，大约在三千年前的殷商时代，人们就将筷子命名为"箸"，后来中国江南一带的人们认为"箸"与"住"的发音相同，而江边行船的人们非常忌讳"住"字，认为有停住不动的负面意涵，因此便改成具有吉祥意涵的"快"，意味着快速发展之意。到了宋朝，人们认为筷子多使用竹子，于是又在"快"字上面加了竹字，就演变成今天常用的"筷"字。

筷子既然是中国人发明的食器，因此它也曾经在中国历代文化上发光发亮，创造出璀璨的筷子文化。早在两千多年前，中国古代就已经出现了象牙筷子，多少个世纪以来，富豪与宫廷纷纷使用金、银、玉石与珊瑚来打造筷子。

中国历代更有运用象牙、牛骨、鹿骨，甚至海龟甲壳等制作而成的玳瑁筷子。

●若狭涂箸——螺钿系列（御多福）

古代工匠们运用精雕细琢的功力，在筷子的雕饰上面花了相当多心思，成就一件件宛若艺术品的珍品。玉石打造的艺术筷是筷中精品，慈禧太后所用过的金银筷与玉筷则是闻名遐迩的绝品。不过，也可以想见，当时这些金雕玉琢的珍品筷子，只属于少数阶级拥有，大多数平民百姓皆无缘享用。

▲筷子学校

在日本料理中，正确且漂亮地拿取筷子是品味日本料理的重要原则。筷子可说是突显日本料理真实滋味的灵魂道具。

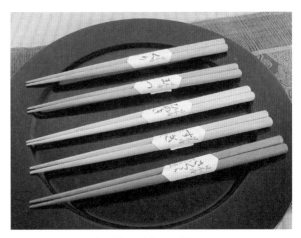

●若狭涂箸——蜜蜡系列（御多福）

过去日本的家长，为了帮助孩子以漂亮的姿势使用筷子，会要求他们运用筷子来夹取豆子作为练习。有了好的礼仪，日后在各种学习与社交场合便不至于出丑。

尽管日本对于筷子的传统如此重视，但是受到速食文化与外食比例偏高的影响，许多日本年轻人逐渐不用筷子，甚至忘记使用筷子的正确方法。

于是在日本福井县，有一家专门生产漆器筷子的公司兵左卫门株式会社，因长久以来生产富有特色与深具历史感的筷子而颇负盛名。这家公司的社长从1998年便开始致力于筷子的传播教育，公司经常派出大批讲师员工到日本各地讲解筷子的正确使用方法。每次活动大约为二十分钟，主要教导人们筷子的类型与功能，以及筷子的拿法。人们可以从课堂中学习到如何松紧适中地握住筷子，并理解如何根据手掌大小来挑选筷子的规格。

从1998年到现在，已经有超过六千人学习到正确的筷子用法。这家筷子企

业在行销自家筷子之余，更在意筷子本身的
文化使命，这是道具背后隐藏的无穷深意。
把筷子的好处传承下去，让每个人广为了解。
看来，筷子的传播教育还会继续进行下去呢！

▲筷子与日本美食

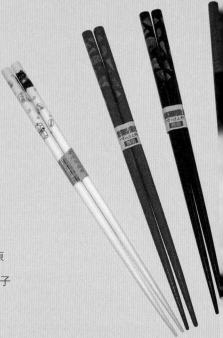

如果没有筷子，恐怕日本传统饮食的美味也无法
如实体现。日本料理的精神在于，要能够一口吃下的原
则。着重小口品味，分量小巧细致的日本食物，与筷子
的性格刚刚好搭配。

有时在进餐中，筷子也扮演着分割食物的功能，当无法
将食物一口吃完时，正确地使用筷子，是将食物在盘中切分成
刚好一口大小再食用，筷子可说是体现慢食文化的最好食器。

鱼是日本料理中最为重要的一种食材，能够运用筷子将鱼巧妙地食用，
则是有教养的表现。从鱼头处按压，取下鱼鳍，然后将鱼骨头从鱼身上剥离，
最后以筷子将鱼肉切成一小块一小块，分别沾取蘸料食用。从渡边淳一的小说
中，经常可以看到主人翁对于吃鱼这件事的看法，同时也透过观察身边女性使
用筷子吃鱼的熟练度，来判断女性的优雅与教养。

甚至在高级的日本料理店中，会针对不同料理，提供不同的合适筷子。
一般的漆筷因为表面质地很光滑，要夹取一些柔滑的食物时，容易产生滑溜现
象。因此，高级的日本料理店大多会准备杉木筷，这对于夹取任何形式的食物
都很方便。

▲ 与筷子相配的姿势

日本人认为正确使用筷子，除了能让用餐的韵律流畅之外，也能让旁边的人产生视觉上的美感。

使用一半的筷子，千万不可以横置在餐具上，正确的方法是将筷子放置在筷架上，采用不弄脏桌面，尽量减少使用餐具的痕迹，是显示好教养的基本礼仪。此外，以筷子指着别人，或一边食用一边以嘴舔筷子上的食物，都是欠缺教养的行为。当然，使用筷子敲打餐具，更是不被原谅的餐桌行为。

不把脸接近餐具，将食物以筷子夹到口中的食用方式，才是正确使用筷子的美丽姿势。

关于用筷子的姿势，日本学者甚至研究出有趣的学问，认为筷子有助于提高儿童智力。这是从生理学的观点对于筷子与肌肉互动所产生的研究结果，认为人在使用筷子时，需要牵动人体三十多处关节与五十多条肌肉，不仅刺激神经系统活动，对于人的灵活度与敏捷度也有很大帮助。由于筷子可以训练手与眼的协调，才会被学者认为有助于促进儿童的智力发展。

▲ 饶富意涵的筷子礼品

筷子在日本或中国，都是深具意涵的食器，也是赏心悦目、文化意义深厚的交流礼品。在日本很时兴定做特制筷子，你可以选择特殊材质，并在筷子上面烫上名字。这种别具个人风味的筷子，可以成为富有自家风格的特制家族筷。筷子甚至也可以成为送礼的传情礼品，将对方喜好的材质打造成筷子，并烫上对方的姓名，如此，受礼者每天在用餐时，就会心心念念地想着自己的好

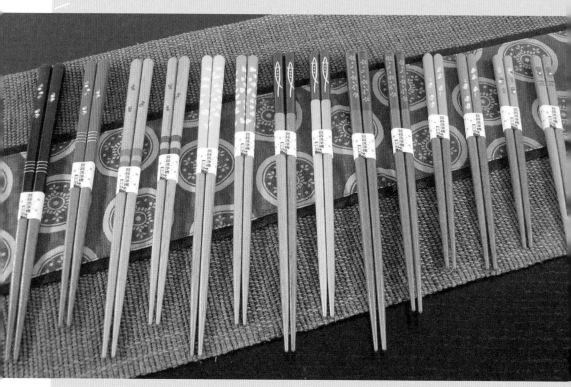

◉若狭涂箸——般筷系列（御多福）

意，餐食也会因此而更显美味，这不是温馨十足的礼物吗？

　　筷子在日本与中国婚丧喜庆中也扮演着无穷寓意的吉祥物。作为陪嫁用品的筷子，含有"快生贵子"的寓意；作为赠送给伴娘的筷架礼物，则有祝福伴娘早日出嫁的祝福心意。

　　一双木制或竹制的小食具，蕴藏着如此多学问与知识，从古流传至今，穿越世界无数风尚潮流，筷子都是深具魅力的杂货。把玩着一双筷子，我们穿越历史，碰触到文化与风俗，并增加了对于先民的崇敬之意。从日本人对筷子的爱恋情感中，或许我们能找回更多已经失落了、不复存在的情感记忆，关于筷子，也关于失去历史传承的文化宝物。

围聚温情的铁板烧炉

　　日常烹饪所使用的锅具往往带有文化气息，沾染了历史香气。经过历史传承与演进，通过使用者与设计者的巧思改造，这些流传到我们手中的锅具，经常承载着深厚的故事。如同发源自中国的铁板烧炉，流传到日本后，成为一种具有地方特色的烹调器具。

　　抚触着铁板烧炉，这是时代累积下来的美好礼物，在享用美味的当下，如果稍微理解烧炉背后的意涵，或许能让我们享用的每一餐都更富有滋味！

●锅子下面就是铁板，它便利了家庭中对于烧烤与烹煮的双重需求，也大大地节省了空间

▲中国诸侯使用的暖炉

铁板烧炉最早起源于中国，它的原型是一种可携带式的炭盆，主要提供给富有的诸侯阶级使用，以便帮助生热取暖。早期在中国境内，金属材料并不多见，因此当时的暖炉采用扁柏木与黏土制成。

然而具有巧思的工匠们，不久就开始在暖炉的制作上面动脑筋。他们设计更具装饰风格的外观，包括在表面涂漆、描绘金色的叶子图案，甚至创造更具艺术感的造型。在此时，他们也采用金属或陶瓷材质来制作漂亮的暖炉。

今天，传统的中国暖炉因为独特的设计外观，而富有高度的艺术价值，甚至在古董市场中被视为收藏珍品。

▲美军发明引进日本

日本在平安时代才传入中国的铁板暖炉，一开始只是武士阶级与贵族们专用，直到江户时代来临，铁板炉才普遍被民间使用。

从铁板烧炉的历史看来，它最常被使用的功能反而是取暖，而非烹饪。有趣的是，铁板暖炉经常被用来帮助点烟，扮演着传统打火机的作用，甚至在第二次世界大战时，于日军部队中扮演着取暖与加热油温的重要角色。

铁板烧炉真正被运用在烹调也是拜二次大战之赐。驻扎在日本当地的美军由于吃不惯当地的生鱼片，而部队也没有锅子，于是想到在铁板上面煎生鱼片：他们在铁板上用铲子将生鱼片左右翻转煎熟，然后加上起司与奶油调味，这就是铁板烧炉用来烧烤食物的原型。后来一位日裔美国人，将这种铁板烧熟

●象印牌土锅风，铁板万用炉

食物的技术引进日本，加以改良成为今日的铁板烧炉具。

在今天，日本人对于铁板炉的定义依然包含着烹饪炉与取暖炉的双重功能，铁板烧炉在日本家庭中被普遍用来烹调烤肉，以及制作什锦煎饼之用。

▲ 阅读铁板烧炉

高级的铁板烧餐厅通常由一个或两个环绕着铁板平台的大圆桌所构成，客人环绕着铁板桌炉而坐，烹调师傅则在客人面前现场料理，客人因此能一边看着食材烹调过程，一边用餐。

变身成为烹调道具的平底炉具，以圆形与长方形两种最为普遍。这种新式的锅炉具能够在极高温度下将食物烧烤熟透，同时又不会产生一般烧烤会有的烟雾。铁板烧炉面大多由铸铁或铝材质制成，宽广的加热铁板配上电热插头，它让人们在家中烧烤食物变得更为简单与安全。

由于它携带与移动方便，质地又算轻巧，所以乐于为家庭使用。日本人普遍家中有一台铁板烧炉，平日用来烧烤肉类，心血来潮时还可以烹调好吃烧（什锦煎饼），只要备好材料，就能享受烹饪食材的乐趣。

好吃烧的烹调方法是将面糊厚厚涂在铁板，上面铺满各种青菜、肉、海鲜等材料，最后撒上海苔粉、调味酱、柴鱼粉与葱花等作料。这种煎饼还分为广岛口味与关西口味，其中又以广岛的好吃烧最为蓬勃发展。光是广岛就有数千家铁板烧店铺，许多铁板烧店集中在一栋大楼中，成为著名的铁板烧村，可说是当地的美食奇景。

好吃烧的最大特色就是一边吃一边自己动手制作，可以一大群人围着共享。无论在店铺中享用，还是在自己家中烹调，都能充分享受铁板烧炉特有的团聚气氛，以及自己动手操作的无穷乐趣，我想，这是铁板烧最具魅力的特点。

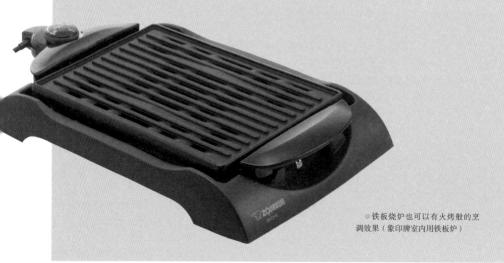

◎铁板烧炉也可以有火烤般的烹调效果（象印牌室内用铁板炉）

我家中的重要锅具——铁板烧炉，总在适当的季节为我们带来暖意与香气（象印牌铁板万用炉）

▲ 我的铁板烧炉

我家在二十五年前就有铁板烧这种时髦的锅具，印象最为深刻的就是一只老旧的象印牌铁板烧炉。父亲生前是个美食爱好者，所以他非常喜欢购买各种锅具。喜好日本事物的父亲，在铁板烧并不普遍的二十多年前，买回来一只大型的象印牌铁板烧炉。那是一只长方形的扁平铁板锅，上面有银白色的长方形盖子，锅边有两个旋转钮，专司温度的高低掌控，还附有鲜橘色的长铲子，看起来非常时髦气派。

铁板烧炉陪伴了我们二十多年的时光，每逢需要庆祝的时节，铁板烧就会放在大家面前，烧烤大会便开始了，铁板烧炉可说是节庆时常用的锅具。

小时候能够围坐在桌前，全家一起吃烧烤，是最为快乐的事情。先将锅底涂满奶油，然后轮番将肉片、蔬菜与玉米放在铁板上烤。吃的时候蘸上母亲自己研制的白萝卜泥与水果汁调制的烤蘸酱，浓郁的奶油香中带有肉汁的香甜，是幸福的最高点。烤肉结束之前，还会学着铁板烧餐馆里将一把豆芽菜撒入铁板上快炒一番，至今那豆芽的香甜滋味犹令人难忘。

这只铁板烧炉带给我们很多欢乐记忆，我们以铁板烧的烤肉宴款待了很多朋友与亲戚，拉近了我们与他人之间的距离。

随着父亲过世，家中搬迁，老旧的铁板烧炉也因为不合时宜而不再使用。现在家中早已更换了轻巧又不会粘锅的铁板烧炉。尽管现在全家聚在一起吃铁板烧的机会越来越少，但我总会想起那只老爷级的铁板烧炉，尽管粘锅状况不断，油总会喷溅四处，却曾经带给我们全家如此多的欢笑。在我的心目中，银白色的铁板烧炉堪称是最为经典的锅具。

插上电插头，铁板就会凝聚着热气的铁板烧炉，从古到今都是团聚着一家人幸福的烹饪锅具。难怪日本人如此爱恋它，围聚着浓浓情谊，飘散着食物香气，不会因为时间流逝而改变热度。铁板烧炉如同日本家庭的老友，在每个温馨的时刻里笼络着众人的情谊。

纽约客的牛仔裤

发源自纽约的牛仔裤，代表着纽约的自由精神，长久以来成为当地人共通的衣着语言。

多彩多姿的Bagel

这小小的圆圈面饼，充满能量与勇气，丰富了纽约人的活力，在历经创伤与苦痛后，Bagel依旧是喂食着纽约客的灵魂饮食。

梦幻与实际的化妆包

制作要求精良，对于功能力求精确的纽约化妆包，代表着纽约女性追求卓越完美的性格。

蜂蜜的甜蜜滋味

哈德逊河沿岸绵密的养蜂人家，以绝佳品质的蜂蜜喂养着大纽约以及美国大多数地区，养蜂行业可说是纽约最具有传统特色的行业。

纽约

NEW YORK

纽约客的牛仔裤

　　每天穿着的简单衣物，以简单布料缝制而成，在经年使用中，体现一种与生活离不开的质感。能够让人每天穿着的衣物，必定以好用与耐用吸引人，才能日复一日成为生活中的一部分。

　　发源自纽约的牛仔裤，代表着纽约的自由精神，长久以来成为当地人共通的衣着语言。每个纽约客的衣柜一定有几件褪色的旧牛仔裤，耐得起岁月消磨，就算颜色泛白，依然存在着化不开的舒适感。质朴与自然感觉的牛仔裤，是纽约人引以为傲的经典生活杂货。

● 淘金时代中，Levi's牛仔裤是矿工们最爱的耐用工作服

▲纽约客与牛仔裤

　　牛仔裤与纽约人具有共生共存的绵密情感，无论是有钱老板还是一般平民，学生还是上班族，老人或青年，总统到议员，打工工读生或时髦女性，他们的最爱都是牛仔裤。

　　牛仔裤对于纽约客来说就像生活必需品，是情感上与实际需求上最为难分难舍的衣着。

● （左）Levi's创办人Levi Strauss
● （右）富有叛逆形象的詹姆斯·迪恩热衷穿着Levi's牛仔裤，使得牛仔裤所代表的反叛风格蔚为风尚

不管是一件名牌的牛仔裤，或是穿得抽顺、泛白、有补丁的牛仔裤，它们都以一种非常平民的姿态，走入纽约人的生活，帮助他们展现渴求舒适自然的天性。

尽管纽约时尚走在世界最前沿，汰换速度比任何一个地方都要敏感，纽约人对于牛仔裤的钟情却始终没有改变。盲目追随流行并非纽约人喜爱的作风，执着于简单耐穿的牛仔裤，在这基础上加以变化与搭配，才是他们酷爱的时尚态度。所以，牛仔裤是纽约人最为经典的衣着。

纽约牛仔裤的蓝，在大胆中带有奔放的气质，完全没有一点阴暗的色彩，正好与纽约秋日的蓝天一样，晴朗舒适得叫人开怀。它的自由特质与开朗性格，其实与牛仔裤在纽约的发展历程中，曾经是叛逆文化的代表有着关联。

早在20世纪50年代，牛仔裤还未在纽约成为普遍穿着时，它曾经被年轻人视为代表主见的叛逆装束，因为当时的成年人不穿牛仔裤。然而到了美国战后婴儿潮那一代，大量接受了牛仔裤的风格，他们认同并乐意穿着，使得牛仔裤开始普遍。直到70年代，牛仔裤成为性感与时尚的代名词，遂在此时流行至大众阶层。

▲纽约女人的牛仔裤

牛仔裤质朴利落的风格不仅为一般纽约客所欣然接受，即使最顶级的模特

●波普艺术家安迪·沃霍尔不仅爱穿Levi's牛仔裤，而且在自己的作品中大量取材牛仔裤作为创作元素

儿，也爱好这种平民又简约的造型风格，她们认为最酷的造型不外乎一件旧旧的Levi's牛仔裤，搭上名牌皮包或高跟鞋，最能够代表纽约女性的穿着风格。

在纽约，即使最时髦的女性也不会穿着礼服，化着浓妆，脚踩高跟鞋去逛街。最普遍的逛街装束为紧身T恤上衣搭配低腰牛仔裤，再加上夹脚拖鞋。就是这么随性的牛仔装束，每个人都能穿出自己的品位。

穿上牛仔裤的纽约女性，有一种怡然自得的自信。那是一种忠于自己身体与感觉的舒适要求，把最适合自己舒服感觉的衣着穿上身，自然也能将洒脱与利落的精神传播给他人。纽约女人大可以在香奈儿上衣下面套一条旧牛仔裤，在牛仔裤外面加上时髦的貂皮大衣，或一身极简的牛仔裤装搭上香奈儿皮包与香水，她们自在地搭地铁、坐公车，昂首阔步地在大街上快走，完全不用担心别人侧目。这里是纽约，没有人会干涉你的穿着自由，你可以大胆穿出自己的品位，因为这个城市能包容这种自在穿着与各种个性的人。

牛仔裤同时充满了纽约女性勇往直前的率性本质，无论是在中央公园慢跑，还是穿着球鞋在地铁中奔驰，甚至穿着风衣提着公事包外出洽公，那种不畏惧的气质，总能让人侧目三分，这是纽约女性最为魅力之处。不刻意追求装饰的心情，随意的打扮、随意的装束，纽约女性的牛仔裤传达出率真的随兴性格。

▲牛仔裤小历史

1853年原本从纽约前往旧金山做干货生意的Levi Strauss，碰上旧金山的淘金热，于是他带来纽约的一批帆布，开始在旧金山生产各种帐篷与马匹用的披毯，做起淘金客的生意。

当时Levi有位客户Jacob是裁缝师，经常向Levi购买帆布制作裤子，以供应

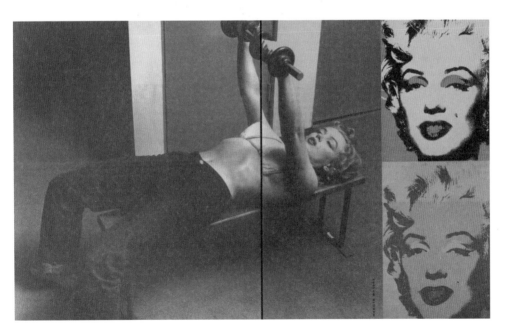

●玛丽莲·梦露也是Levi's牛仔裤的爱用者，图中是她穿Levi's牛仔裤做运动的经典身影

◎无论是钉上亮片的闪亮牛仔裤，还是穿得磨损泛白的旧牛仔裤，都是我生活中不可或缺的魅力良品

淘金客工作的需求。然而Jacob的淘金客户经常抱怨裤子的口袋不够牢固，容易被淘来的金块撑破。于是Jacob在裤子口袋钉上包头钉，如此可以帮助承托住金块的重量，这款改良的裤子大受淘金客欢迎。这就是Levi牛仔裤的原型。Jacob于是邀请供应布料的Levi合作创立牛仔裤事业，就这样原本为淘金客而设计的裤子，竟然大受市场欢迎，Levi's品牌牛仔裤自此开始活跃于美国的时尚舞台。

Levi's牛仔裤不仅是美国最为悠久的经典老牌，更因为是牛仔裤的创始者，它在牛仔裤上力图的革新与创意，成功地征服了全美国甚至欧洲人的心。许多到纽约旅行的欧洲游客，甚至会带好一张符合自己尺寸的清单，以及心仪的Levi's牛仔裤款式，准备大肆采购。尽管有许多设计师近年来陆续推出符合各自品牌属性的牛仔裤，但是Levi's的魅力依然不减风采。

从纽约著名的二手Levi's专卖店里络绎不绝的人潮就可以察知Levi's的高人气行情。位于地段昂贵的第五大道上的Reminiscence，是一家专卖二手Levi's牛仔裤的名店，特定款式的二手Levi's牛仔裤依然是许多人寻觅的最爱，因此你总能看到诸多古董牛仔迷来此寻宝。

仿佛将人带到充满愿景与梦想的淘金年代，二手的Levi's牛仔裤充满着怀旧又经典的气息，穿上这一款历经岁月冲刷与磨蚀的牛仔裤，人应该也会变得相当沉静吧！

▲品位与随性的牛仔裤

我的衣柜中也有一两件穿得够久，舍不得丢弃的牛仔裤。因为穿得够久，膝盖头的部位磨得泛白，裤管也因为长时间穿着，而显得松紧刚好。穿着这种牛仔裤，就像是第二层皮肤一般的亲切自然，成为居家生活或进行轻松打扫时的最佳装束。

旧旧的牛仔裤也是旅行的最佳良伴，陪伴着自己上山下海，耐磨损又耐脏，自然地书写着旅行与漂流的足迹。

牛仔裤穿得越久越有味道，有的人干脆将穿旧的牛仔裤画上自己喜爱的图案，把牛仔裤当作画布，随心所欲地在上面涂鸦、彩绘，这种牛仔裤极具个人特色。穿上自己绘制的牛仔裤，走上大街，仿佛纽约人那种充满活力的梦想，也在这条牛仔裤上晕染开来，成为我们身体里最为珍贵的动力。

多彩多姿的Bagel

清爽的早晨，纽约街道已经充满着活力的气息。纽约客们一边快速踩着直排轮鞋，一边愉快地滑进Bagel早餐店，直接外带一只Bagel，迅速又利落，然后手拎着Bagel纸袋，继续快速滑入了街道，这是纽约早晨街头上经常见到的风景。

发源自纽约的Bagel是当地的常民生活饮食，Bagel那具有嚼劲的口感与令人永不厌倦的香气，是它历久弥新的重要原因。

▲Bagel大观园

Bagel这种面包看起来非常平凡，但其中却蕴含着有趣的学问与特殊的制作方式。不同于其他面包直接将面团烘烤而成，Bagel的嚼劲与硬度来自它需要先将面团放入滚水中烫过煮熟，然后再进行烘烤。这道手续使得Bagel拥有特殊的嚼劲与韧性，更在品尝时展现出扎实无比的风味。

Bagel店中总有十几种口味的面包供人挑选，内馅与起司奶油的种类也很丰富。带一只Bagel在身上，大概就可以应付一个需要打拼的早晨时光。纽约这个城市孕育出来的面包，具有非常深厚的知识与学问，从Bagel面包

● 蓝莓Bagel

● 蛋黄风味Bagel

● 芝麻Bagel

● 香料Bagel

的多元性，足以使人眼界大开：纽约Bagel的种类至少有几十种，包括有原味、洋葱、全蛋、蓝莓、大蒜、芝麻、肉桂葡萄、枫糖核桃、燕麦、起司、罂粟子等，林林总总地构筑了一个令人炫目的Bagel世界。

接着选cream cheese也是一大学问：有咸味的奶油起司如以鲑鱼为基底调制的口味，或以蔬菜为底的奶油起司酱，里面往往包含青葱、洋葱、蔬菜、青椒或鱼类等，也有甜味的奶油起司如樱桃、凤梨、黑莓、核桃葡萄干、蓝莓或水蜜桃奶油起司等风味。最后则是五花八门的馅料如鲑鱼、火腿、鸡肉……馅料内容就像大苹果般多彩多姿，永远令人耳目一新。今天你可能在某间店面发现融入豆腐泥的cream cheese酱料，明天又有可能在另一家店发现以新鲜南瓜为馅料的当季Bagel面包。Bagel的面貌一如纽约万花筒，永远不知道下一刻会出现什么令人惊喜的材料！

▲纽约人生活与Bagel

无论上班族、学生或逛街采买的人群，Bagel都是最好的营养早餐。纽约人爱上它无与伦比的嚼劲，还有健康天然的风味。Bagel受纽约人热爱的程度，从每间Bagel店铺大排长龙的景象可以了解。

有时间的纽约客会在店里一边享用着Bagel，一边看报喝咖啡，然后再前往上班地点。赶时间的人或一边溜着直排轮鞋滑进店铺中购买外带Bagel，或直接在路边的早餐车买简单的Bagel加咖啡，如此大约一美金就可以解决了。早餐车的Bagel自然比较简单，口味也较少，但是个头很大，对于食量大的人来说是相当划算的选择。

Bagel的外形长得很像美国人酷爱的甜甜圈，然而它却比甜甜圈营养多了。比起只能让人长满肥肉的甜甜圈，Bagel蕴含的健康意识显然较为浓厚。那些爱美的时尚圈名模，最常吃Bagel夹香蕉片，以具有甜味与矿物质营养的香蕉替代起司奶油，如此低热量、健康又富有饱足感的午餐，是典型纽约美人自创的饮食。

纽约人认为，每天早晨若有一杯咖啡与一个Bagel等着自己，那么起床会变成一件快乐且值得期待的事。耐嚼有韧性的Bagel，外表朴实而饱满，与纽约人追求真实与健康的风尚吻合。纽约人并不张扬，内敛且低调有个性的生活方式，与慢慢咀嚼感受的Bagel滋味非常相似。而内在多元精彩的核心内馅，也与纽约客追求自由与独特多样的精神相同。于是，它从一种平凡无比的街头常民饮食，慢慢渗入纽约人的生活中，受到青睐与倚重，甚至成为餐桌上的重要料理。而今，Bagel已成为纽约文化的一部分。

▲Bagel小历史

Bagel缘起于中世纪欧洲，当时波兰的妇女生产时，人们会赠送一种中间有圆洞的圆饼面包给产妇作为贺礼。据说这可能是Bagel的原始形态。

更多人认为Bagel的起源，是在1683年的奥地利维也纳。当时土耳其帝国经常出兵并且有意并吞奥地利，在一次战争中，波兰王John Sobieski战胜了土耳其帝国，免除了奥地利被并吞的命运。

当地一位面包师傅为了感激波兰王的战功，决定敬献一个面包礼物。他想到波兰王是位伟大的战士，于是将面包做成像马镫的中空圆形，以此纪念波兰王为奥地利人的付出。而Bagel这个字源自犹太文与德语中的"beugel"，意指圆形面包。

受到当时奥地利与土耳其帝国的战争影响，意外地促进了饮食文化交流。现在世界各地也遍布着许多与Bagel类似的面包点心。在俄罗斯与乌克兰地区，流行类似Bagel的面饼，称为Bublik。东欧则有Baranki，是一种比Bagel造型稍微小一号的圆面饼。土耳其当地则流行一种圆形面饼，尝起来味道较咸，造型很像Bagel，只是稍微大一点，上面布满芝麻粒，可说是大型版本的芝麻Bagel。

Bagel是被犹太人带到美国而风行的。古代基督徒信奉上帝时所供奉的圆形面食据说也是Bagel的前身，Bagel因此成为犹太人的传统食物。在第二次世界大战时，许多犹太人为了躲避纳粹的屠杀，纷纷逃往美国，并将重要的Bagel带过去。

犹太人在当时为了保持Bagel的传统配方与品质，以纽约为基地，成立Bagel公会，严格管制Bagel的制作与销售，甚至规定只有加入公会的面包师傅才能制作Bagel。

直到20世纪60年代美国的烘焙业成熟后，传统的犹太面包才开始流传到美国各地。这种低热量的面包食物，在20世纪80年代健康饮食风潮兴起时，被许多人注意，Bagel遂受到纽约时尚与健康人士的爱戴，成为极具风尚的健康饮食。

▲我的Bagel

短暂停留纽约的时候，每天早晨我都会到Bagel Shop报到，点一杯咖啡与一个Bagel，坐在店里看报纸，也看纽约人如何开启忙碌的一天。有时间的话，我也会带着Bagel早餐走到公园去晒太阳，享受纽约早晨的时光。

慢慢地嚼着Bagel，感受着那香气慢慢在口中扩散，这是一种需要慢慢品尝的食物。相对于其他以快速取胜的美式速食，Bagel显得有深度多了。经得起品味与咀嚼，它的滋味自然能够历久弥新地存在人们的记忆与脾胃中，成为一种经典的味道。

我感觉到这小小的圆圈面饼，似乎藏着许多深奥的能量，充满活力与勇气，它丰满了纽约人的活力，在历经创伤与苦痛后，Bagel依旧是喂食着纽约客的灵魂饮食。

●小小的一颗香料Bagel，饱满厚实且充满香气，里面蕴藏着属于纽约人的饱满活力

●蔓越莓Bagel

梦幻与实际的化妆包

想要具体了解一个女性的内心世界，不妨从她的随身配件着手，化妆包是不错的阅读指标。

女性的化妆包属于私领域的小道具，从化妆包的选择，可以看出主人的内心讯息。如果连私领域的细节用品都有坚持的哲学，那么此人对于品位的理解也不会太离谱。

●Polo旅行化妆包

纽约女性的化妆包，透露着精确与完美要求的讯息，在日复一日的梦想追求上，化妆包是纽约女性永不懈怠、持续追求完美的最好见证。

▲利落与优雅的化妆包

纽约女人有一种勇往直前的魅力，总是带着梦想，神采奕奕地往前追寻，那是穿着风衣，眼睛凝视远方的纽约女性形象。由于对容貌有一种过人的自信，干练的她们把管理精神运用在保养上，懂得运用天然的保养品来呵护自己，同时还投入精确的管理方式，小心地经营自己的美丽。

●Laura Ashley的典雅化妆包

纽约女人对自己很好，她们可能前一分钟还穿着一条牛仔裤加上风衣，奔驰在麦迪逊大道洽公；下一分钟已经换上球鞋准备前往中央公园慢跑；过一会儿又漫步于第五大道选购最新款的香水，好搭配名牌包包与高跟鞋，准备赴夜晚的约会。

◎速简利落的红色帆布化妆包

她们可以穿着美丽正式，怡然自得地搭公车或地下铁，享受没人干涉的自由；也可以致力于精进自己的身材与柔软度，每天去普拉提教室报到。独立自信与勇往直前，是纽约女人的最好写照。

Ralph Lauren为旅行者所设计的Polo旅行化妆包，虽然为中性设计款式，但我觉得更符合纽约女性的风范。冷静利落，总是一袭黑衣的极简线条下，包容着温暖与梦想的内心。

这只运用耐用褐色帆布面缝制皮革的化妆包，具有简约利落的气质，宽大的造型虽然没有分隔袋，但可以依个人喜好放置许多保养品，所以非常好用。皮革面料非常耐用，缝制车工精细，经得起挤压与碰撞，还能够保持包袋本身的完整性。这种做工精巧、内容量宽大的化妆包在随兴自在中展现一种优雅，非常适合随时要应付很多活动的纽约女性。其实，它也很适合经常要去瑜伽教室的她们呢！

▲管理风范的化妆包

喜欢一身黑色装扮的纽约女人行事低调不张扬，与素来主张黑色沉稳风格的化妆品牌Bobbi Brown不谋而合。Bobbi Brown的化妆包走专业路线，黑色极简的设计、精致分工的内袋与多元组合的刷具征服了纽约女性。

　　Bobbi Brown以专业的彩妆品牌定位出发，向全世界女性推荐一种符合各色人种的自然化妆法，在纽约受到美妆界的瞩目。然而Bobbi Brown销售的不仅仅是彩妆用品，更重要的是推广美丽的管理观念，其中又以为人熟知的化妆箱管理法深受女性欢迎。

　　Bobbi Brown宣扬美丽需要经营与管理的概念，教导女性针对自己的化妆品进行分类。将超过半年以上没有使用的化妆品淘汰，接着分析与观察常用的化妆品类型，这有助于整理出采购化妆品的原则，避免日后浪费金钱在不适合的化妆品上。最后再针对常用的化妆品进行管理，Bobbi Brown建议使用化妆箱或收藏盒来收纳，并准备日用化妆包携带外出要使用的化妆用品。

　　那么，Bobbi Brown心目中完美的化妆包究竟是什么规格呢？它认为化妆包的大小应该要能够放入女性大部分的手提包中，而且材质要具有弹性，容易清洗，同时要很耐用，这样无论装再多东西，也能经得起伸缩。

●Bobbi Brown轻巧皮感化妆箱

●Bobbi Brown时尚软皮化妆包

这种化妆包很适合具备管理风范的纽约女性，独立自主又有聪明头脑，精确分析又不会浪费时间，把美丽收藏与管理。Bobbi Brown以其聪明精确的美丽管理哲学，深深虏获纽约女人心。

●Bobbi Brown顶级化妆箱

▲纽约名模的化妆包

站在世界顶尖舞台上的纽约名模们用什么样的化妆包呢？对于美妆要求较高的她们，一样选择Bobbi Brown出产的化妆包，不张扬的造型与低调的黑色，诉说着沉稳干练的专业气质。

打开化妆包的扣子，将折叠式的内袋舒展开，展现在眼前的即是一个精巧的世界：不同规格的透明塑胶内袋中，收纳着不同种类的笔刷、眼影、口红、

●Bobbi Brown经典旅行化妆包

●Bobbi Brown尊荣旅行化妆箱

●Bobbi Brown金箔真皮化妆箱如同为纽约名模外出所精心设
计，展现华丽又精确的特质

粉扑，色彩缤纷却不杂乱，分门别类地整齐排列。由于强调耐用，保守估计至
少可以使用十年。

　　Bobbi Brown的手提化妆箱也深受纽约名模们喜爱。对于经常出远门且
携带大量化妆用品的工作需求，这种管理机能良好的化妆箱是她们的首选。
精细的分类，便于管理，不怕碰撞，能够在长途旅行中随身携带，随时呵护
着美丽。

▲华丽与精确的化妆包

　　外观华丽而精确的化妆包，就像纽约女人的性格，冷静又充满梦想，在快
速与缓慢，理性又感性之间，总能找到平衡点。纽约人气包袋品牌LeSportsac
的气质，说尽了纽约女性实际与梦幻的双面性格。

　　LeSportsac以绚丽多彩的图案，创造出缤纷活泼的包袋风格。它的设计符
合纽约人爱好运动的性格，注重轻便与机能，同时融合了休闲与雅痞的气息，

是一种拿取出来会令人感到骄傲的纽约风格。

LeSportsac的化妆包采用一种耐用的降落伞尼龙布料，能很好地折叠与弯曲，也经　得起磨损与擦拭，非常符合化妆包需要经常拿取使用的特质。而轻巧便利，内在容量宽大，双层收纳内袋设计，也都呼应着化妆包的基本需求。因而使得LeSportsac成为纽约与各地爱美人士最喜爱选用的化妆包。这种对于机能的重视，以及外观的美感要求，与纽约客的基本调性非常吻合。

● LeSportsac 的化妆包富有一种运动、冒险前进与鲜丽的特性，如同纽约女人的个性

▲完美的化妆包

为了自身的完美形象，一只完美的化妆包，确实值得花时间找寻。一只好用的化妆包，应该兼具造型的美感，以及实用的功能性。重点不在于使用LV还是Chanel，选择适合自己风格与需求的化妆包，才是最为实际的。

而制作要求精良，对于功能力求精确的纽约化妆包，代表着纽约女性追求卓越完美的性格。这种由内而外的细节讲究，让人佩服纽约女性的精确特质。随身携带着富有梦幻与实际风格的化妆包，长长久久地使用着，时间久了，它就会变成女性内在精神的一部分，那是最具独特魅力的化妆包。

●LeSportsac Poppy旅行化妆包

●LeSportsac CHOC钥匙零钱包

●LeSportsac 豹纹三层包

蜂蜜的甜蜜滋味

代表地区特产的生活饮食杂货，往往与当地的饮食习惯或地理风俗有紧密的关联。甜蜜如蜂蜜，具有深远的文化与历史发展，它在不同的国家都有不少的爱好者。在所有产蜜的国家中，美国的蜂蜜拥有最多元丰富的发展。蜂蜜深度地走入了美国人的日常生活，其中，又以纽约的蜂蜜深刻勾画出多彩的文化风貌。

▲美国人生活中的蜂蜜

小时候对于蜂蜜的印象是华丽奢侈的外来食品，因为小熊维尼总是抱着一个蜂蜜罐。美式煎薄饼与法式吐司，一定会淋上许多蜂蜜一起品尝。蜂蜜总带有美式文化的风情，甜蜜中晕染着华丽的味道。

美国是世界蜂蜜产量第二大国，蜂蜜的健康、营养以及不含添加物的天性，与美国人爱好健康食物同时又爱好甜食的民族性相契合，蜂蜜是他们三餐大量仰赖的食品，也是生活与保养相依相存的重要食物。

●法式吐司与蜂蜜。少了蜂蜜的法式吐司，风味会逊色很多

走入一家美国餐厅，你可以找到许多添加大量蜂蜜的料理。美国人的饮食烹调方式大多很简单，但却懂得善用蜂蜜的提味效果，加入蜂蜜一起烹调的食物，滋味会变得特别丰美，如夏天的水果沙拉酱汁中调入一点蜂蜜，会产生一种高雅的风味；在烤肉蘸

酱中加入蜂蜜调味，肉类会更为香甜甘美；他们更爱在各式甜点上淋蜂蜜，使得简单的甜点瞬间变得具有华贵气氛，像法式吐司与蜂蜜的组合。

蜂蜜也是美国人保护身心的常用饮品，小孩感冒时，美国妈妈会调制一杯热蜂蜜牛奶给孩子饮用，加入香甜蜂蜜的热牛奶仿佛魔法一样，能够快速有效地安抚小孩走入梦乡，帮助其慢慢痊愈。

◉厚片法式吐司与蜂蜜

▲纽约的都会养蜂人家

许多人或许不相信，纽约这个时尚大都会竟是产蜂蜜的胜地。从久远的年代开始，大纽约地区的农业除了盛产苹果、樱桃、马铃薯与洋葱外，哈德逊河沿岸绵密的养蜂人家，即生产出绝佳品质的蜂蜜，满足着大纽约以及美国大多数地区的每日蜂蜜需求。养蜂行业可说是纽约最具有传统特色的行业。

◉装盛蜂蜜的小罐

寸土寸金的纽约，外围环绕着美丽的绿地，哈德逊河旁的农地是纽约最大的苹果产地，苹果花开时，便吸引蜜蜂来采蜜，也因此成为蜂蜜最好的来源。养蜂人家只需将蜜蜂培养长大，有足够的野地能采集花蜜即可。

为什么纽约的蜂蜜具有如此优越的品质呢？主要归功于纽约的气候宜人，春天来得早，而夏天来得较晚，四季分明且天灾很少。而且，蜜蜂能容易地接触到水源——哈德逊河，加上河岸边丰沛的花朵丛生，蜜蜂是最大的受益者。与其他地区的养蜂生态相比，纽约的蜜蜂有更为自在的觅食环境。此外，纽约曼哈顿本岛上有许多公园绿地，茂密的花草植物提供了蜜蜂们丰沛的食物来源，它们乐意从河谷边飞到市中心的绿地来寻花蜜，因此这里是创造纽约美味花蜜的最大宝地。

而今，纽约的养蜂人家逐渐式微，当地推广传统食物的纽约客纷纷倡导养蜂产业的重要性，并试图从教育中落实对于蜂蜜的宣导。甚至在两年前，纽约出现了许多业余的屋顶养蜂人家，这些人尝试在大楼的屋顶上养殖蜜蜂，周末时就到农产品市场销售自己生产的蜂蜜，这是纽约客当前最为热门的周末休闲活动。

试图维系传统养蜂产业，致力在兴趣爱好与专业经营上兼顾，这是纽约爱好蜂蜜人士对于保留传统蜂蜜产业所做的努力。

▲示爱与婚礼的盟约信物

美国人爱蜂蜜，除了爱蜂蜜浓郁的甜蜜与香气外，更因为它从古希腊罗马时代就被人们视为丰饶、爱与美的象征。美国人对于爱人或子女，不都是以"Honey"称呼吗？也许是丘比特的传说感动了美国人——在希腊神话中，丘比特因为将弓箭头沾满了蜂蜜，所以被他射中的情人内心，总是充满着甜蜜幸福。

所以蜂蜜经常成为美国婚礼中新人们赠送给宾客的礼品，新人们将代表着爱的蜂蜜赠送给亲友，众人也能沾染与分享新人结婚的喜气与祝福。

使用漂亮的蜂蜜罐盛装美国的顶级蜂蜜，在罐口处系上书写新人姓名与结婚日期的标签，这样的蜂蜜罐礼物，是婚礼最讨喜的甜蜜礼品。有趣的是，至今大家所熟知的新婚旅行——蜜月一词，来自古代日耳曼人的习俗，在新婚后一个月，让新郎饮用蜂蜜酒以增强体力。

▲ 蜂蜜小史

追溯蜂蜜的历史，它的古老程度几乎与人们的书写历史一样久。远在公元前2100年，苏美尔人与巴比伦人的书写符号记录中，蜂蜜就已经存在且被当地人运用。在《圣经·旧约》中，将以色列人的约定地点——迦南描写成一个牛奶与蜂蜜流动的地方，自古以来，蜂蜜总是被视为丰饶的象征。

● 小熊造型的蜂蜜罐是美国最为经典的蜂蜜造型罐

古希腊的哲学家亚里士多德在他的著作《动物志》中也有关于养蜂的记录，他认为蜜蜂所收藏的蜂蜜，是花朵所赐予的甘露。在公元16世纪西班牙人入侵中南美洲时，发现当地墨西哥人已经发展出成熟的蜂蜜生产法。而在中世纪的欧洲，修道院里盛行养蜂，因为榨取蜂蜜后，剩下的蜂巢主要材料就是蜂蜡，这是用来作为照明蜡烛的昂贵原料。当时人们大多使用动物油脂制作蜡烛，仅有教廷与宫廷才有能力使用昂贵的蜂蜡。

曾经有很长的一段时间，蜂蜜是高贵的物品。甚至在许多时代中，蜂蜜是货币的一种，也因为蜂蜜价值不菲，成为诸多帝国皇族中最受欢迎的贡品。而今，蜂蜜走入寻常百姓的生活中，每个人都可以用经济的价格买到蜂蜜，这何尝不是生活在现代的一种幸福。

▲美国人的蜂蜜保养法

蜂蜜优越的润泽性与丰富的维生素含量，使之不仅成为料理中的美味食材，也成为生活中的好用保养品。美国的春秋季节特别干燥，在低温的天气外出时，人们习惯在嘴唇上涂一层蜂蜜，这是非常好的润泽剂，能够防止嘴唇因干燥而破裂。以此类推，蜂蜜也被运用于家具的维护，用来擦拭一些木制家具，可以使得家具更具光泽并维持其湿度。

蜂蜜的润泽性，也被充分运用在美容保养上，众所皆知的Burt's Bees就是完全以天然蜂蜜制作的纽约保养品品牌。Burt原本是一位养蜂人，在养蜂的过程中，了解到蜂蜜与蜂巢对于人体皮肤的好处，于是开始致力于研发一系列蜂蜜相关产品。如今它成为广受美国人欢迎的天然蜂蜜保养品。

▲我的蜂蜜

我在阅读与旅行的探索，日复一日的生活体验中，逐渐发现蜂蜜的好处，蜂蜜渐渐变成我日常生活中不可或缺的好用物品。

每天早晨饮用一杯热柠檬蜂蜜已成为习惯，一大早让微酸

◎Burt's Bees蜂蜜

带甜的蜂蜜滋润身心，整个人都舒爽了起来，即使前一晚睡得不甚好，热的柠檬蜂蜜也可以帮助消除疲劳。

这种对于热柠檬蜜的依赖，使我连上飞机时，也要带着蜂蜜与柠檬。我总是预先将柠檬切片好，放入随身小盒，蜂蜜也存放入胶卷盒中。这样一旦在旅途中感到疲劳时，只要向空服员要杯热水，马上打开柠檬片与蜂蜜，就能够补充足够的维生素，纾解旅途的困顿。飞机上的干燥比沙漠

◎Burt's Bees手部修护霜

还要高出许多倍，在极度干燥与疲惫的情况下，饮用一杯随身的柠檬蜂蜜，蜂蜜中丰富的维生素，具有绝佳的润泽作用，能够给予身体最好的舒缓。

蜂蜜带给人润泽的感觉，赋予我们神闲气定的安稳感。拥有蜂蜜的陪伴与温和保护，我们能安心从容地面对每一天的挑战。

◎Burt's Bees蜂蜡护唇膏

野餐篮中的春天

柳条编织的野餐篮，象征英国人追寻田园生活的安逸美梦。世世代代的英国人提着野餐篮，在绿草如茵的野外，体会着悠闲的生活逸趣。

迷人的芳香杂货

16世纪的伦敦并没有废水排放设备，瘟疫与霍乱经常肆虐，家家户户会使用百花香帮助杀菌并消除怪味，因此它在当时成为重要的杀菌与防腐用品。

优雅的英国帽子

帽子是社交礼仪的代表配件，也是彰显英国女性美感的重要饰品，没有帽子装点的春天，整个英国的风景都会失色。

雨天的外衣

英国人是最懂得雨天打扮美学的民族，他们造就了许多知名的雨衣品牌，例如Burberry、Aquascutum与Barbour。

悠然经典的英式红茶

红茶不仅是英国人民社交生活的媒介，更是每天赖以维生、带来活力与灵感的生命饮品。

雨伞的文化逸趣

直到16世纪，雨伞才于西方世界普遍流传。17世纪的英国，雨伞是身份地位的奢侈象征，伞面会缝制大量的羽毛，看起来非常华贵。

英国
United Kingdom

野餐篮中的春天

一种杂货或生活用品的设计与大量使用，往往与当地的风俗民情，以及生活习惯有着紧密的关联性。英国人是喜爱安逸的民族，对于爱好田园风景的他们来说，能在优美的户外环境中用餐进食，是种美妙的享受。而柳条编织的野餐篮，便象征着英国人追寻田园生活的安逸美梦，世世代代的英国人提着野餐篮，在绿草如茵的野外，体会着悠闲的生活逸趣。这就是典型英国人的美梦。

●附有香槟与巧克力的
Optima顶级野餐篮

▲Optima野餐篮与Wedgwood

一到春天，英国家居用品店的销售主力商品就是野餐篮与花园用品。气候并不好的英国，雨与雾经常弥漫造访，经过漫长的严寒冬天，等到春天的脸孔刚开始冒出头，难得一见晴朗的天气，英国人早已等不及到户外享受温暖春光照拂下的用餐乐趣。

●附有Bordeaux葡萄酒的
Optima随兴野餐篮

●Optima海军蓝四人份野餐篮

尽管早春气候依然阴冷，但是野餐篮已经早早出现在英国街头，召唤着外出野餐的热情。典型的英式野餐篮以柳条编织，里层缝上漂亮的印花棉布。最上乘的柳条能体现野餐篮的品质，由于质地细腻柔软，运用手工编织的工艺即能制作出精致的柳条野餐篮。

●Optima Regatta四人野餐篮，配有高级的条纹全棉餐巾与桌巾，还有高级的骨瓷餐盘

讲究的野餐篮连餐具的品质也非常考究，最为高级的野餐篮会附漂亮的蓝印花瓷盘、刀叉以及玻璃酒杯。如此，即使在户外也能享受如家中优雅的用餐品质，不出现仓促成军的鲁莽或急就章的状况。

说起野餐篮一定要提到英国的Optima，它是全世界最大的野餐篮公司，以生产英式野餐篮而活跃于世界舞台，至今长达六十年的历史。

Optima的每一只野餐篮都坚持以手工编织而成，材料只选用欧洲当地的柳条，其柔软的材质能在阳光下呈现金黄色的漂亮光泽。同时野餐篮的内装瓷器、葡萄酒杯以及亚麻织品也属于高品质。甚至它还体贴地考虑到送礼需求，设计一款里面已经装满美食与葡萄酒的野餐篮，让人可以买了直接提去送给朋友，可说是美观又实用的礼品。

最高级的Optima野餐篮餐具，自然是选用Wedgwood的高级餐瓷，让爱好品位的人士即使在户外野餐也能够享有高级雅致的用餐情调，这堪称是最为顶级的野餐篮类型。

▲普罗大众使用的野餐篮

不见得每个人都能消费得起配备Wedgwood骨瓷的高档野餐篮，因此也有

简便速成型的野餐篮，大多数家庭自然会选用这种比较普及的材质。

最为普及的野餐篮长得像一个塑胶公事包，里面附上各种塑胶制保温瓶，配有塑胶餐具与纸巾，非常简单的造型与配备却是人人都消费得起，就算临时起意外出野餐，也很经济简便。20世纪50年代到60年代所生产的这类野餐盒还曾经在古董市场造成一股热卖的风潮。塑胶制的保温瓶使许多英国中年人想起童年时期与家人一起外出野餐的情景。

◎黑色藤编野餐篮（IF）

就连制造热水瓶的厂商也动起野餐篮的生意经。由于野餐时家家户户都会携带自家烹调的咖啡与红茶，因此保温热水瓶是不可少的野餐装备。热水瓶厂商干脆自己生产制造野餐手提箱，皮质的外壳与牢固的塑胶把手使人想起007的公事箱。这种野餐箱配有两只保温热水壶、几只茶杯、三明治专用盒、红茶罐与糖罐、餐盘等组合。由这些配备可以看出，是为了让人带出去进行下午茶野餐所设计的装备。

▲小说与童话故事中的场景

英国人爱好野餐的生活习性，从众多小说与童话故事中可以找到痕迹。

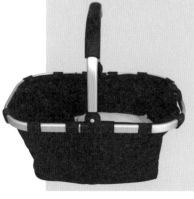

◎轻巧、可折叠的帆布野餐篮，铝质支架可旋转折叠，非常便利好用（IF）

◎Optima保温式野餐背包（IF）

在数不清的童话故事里，小动物或小女孩们的玩耍背景，大量地发生在野餐情境中。著名的英国童话《柳林中的风声》便是小河鼠邀请小动物朋友们去划船野餐的有趣情景；最受欢迎的小熊维尼也经常在故事中与主人一起在森林里漫游与野餐玩乐。

如果有机会看看简·奥斯丁的小说，你也能找到大量社交性野餐的场景。如《理性与感性》、《傲慢与偏见》、《爱玛》等文学著作中，在熟悉的庄园场景中，女主角们优雅地在户外野餐时谈论爱情与金钱价值观，透过野餐的餐桌上，交换着女性对于婚姻与独立生活的看法，弥漫着田园诗般的情调。

● 具有保温效果的野餐箱盒，还附有一只保温瓶，可以用来装滚热的红茶（IF）

野餐的乐趣普遍被大众所喜爱，成为雅俗共赏的生活雅兴。早在1930年出版的一本英国娱乐刊物就这么写道："没有什么比夏天安排去野餐更令人开心了！就算你没有很多时间可以进行准备，只要在很短的时间内就可以让你在绿意环绕的环境中享受野餐的乐趣！"足见野餐这件事情在英国人生活中举足轻重的地位。

▲野餐的社交性

现今的野餐对于英国人来说是全民运动，但在早期，野餐却是一种阶级性的社交活动。

英国的野餐形式起源于中世纪时富有阶级在户外的大型打猎野宴，这种野宴通常在打猎与射击活动开始前举办，摆满了长长桌子的丰盛食物，注重华丽的餐桌摆设，这种公开性的大型野宴，更确切地说具有浓厚的社交意味。

一直要到维多利亚时代，流传在贵妇之间的花园宴会，才慢慢具有私密色彩，野宴开始变成私人娱乐与交流的媒介，为后来的野餐形式奠定基础。19世纪中叶时，野餐才逐渐成为平民百姓的生活娱乐。现今，野餐是英国人在春天与夏天最为重要的社交与休闲活动，它的重要性与日本人对于赏樱或赏枫的重视是一样的。

夏季是英国人最喜欢的野餐季节，因为一整年低温多雨的英国，到了夏天白天变得较长，大约到了夜晚10点才进入黑夜，而且英国夏天的温度适中，雨量相对较少，清爽的气候使得英国人的精神也很好。

典型的英国夏日午后野宴的画面是这样的：在伦敦最为著名的海德公园中，夏日的露天歌剧与古典音乐会正在举行，许多人坐在草坪上一边听音乐一边野餐，享受悠闲的夏日时光。与家人共度，或是邀请三两好友聚集在草坪上野宴，都是英国人用来消磨夏天最好的娱乐。

▲野餐篮中的秘密

那么，野餐篮中装些什么呢？英国数不清的外卖熟食专门店供应着各种装备齐全的野餐篮，并有一应俱全的菜单可供选择，这种供应野餐的外带餐饮店，在当地非常普及。

你大可以在高档的哈洛德百货公司地下美食街采

多层分格酒袋，适合野餐中保存葡萄酒（IF）

买顶级的野餐食物，也可以到格林威治市场或科芬园一带的熟食店购买起司、火腿、烟熏鲑鱼或沙拉等食物。讲究的人会带上自己煮好的咖啡，装入保温瓶中，甚至再带上一瓶葡萄酒（高级一点的野餐篮还附有玻璃葡萄酒杯）。如此，野餐篮的装备可就称得上大功告成了。

因为装备齐全，买了之后可以马上带走，直奔野餐草地，野餐也被英国家庭主妇视为最简便的餐饮形式。它甚至可以在行前的最后一刻钟完成配备，即使没有事先计划，也依然能够便利成行。

传统适用于野餐的菜单非常丰盛，包括各种肉派、香肠、烤鸡、烟熏鲑鱼、烤牛肉、水果派与蛋糕。最后则是热红茶与酒类饮料，这似乎是野餐中最不可少的部分。

我看过最为丰盛的一张野餐菜单是1926年一位女性所记录的清单，包括火腿与酸黄瓜莴苣三明治、瑞士起司奶油三明治、

●白色柳条野餐篮（IF）

热狗三明治、烤牛排三明治、炸鸡、马铃薯沙拉与烤火腿；饭后甜点是蛋糕、洋芋片、糖霜饼干、小海绵蛋糕与奶油饼干；保温瓶装的饮料是柠檬汁，保鲜盒装的是焦糖冰激凌……如此洋洋洒洒一长串的野餐菜单，勾勒着过往英国人的壮丽野餐史。无疑的，这是一个大家族的野餐行头，如此丰盛的内容，确实令人赞叹！

▲ 我的野餐篮

我家在不同时期，曾买过各种大大小小的野餐篮，塑胶制的，藤编的，它们都曾在我的童年时光中绽放出耀眼的光彩。会有这么多不同的野餐篮，是因我有一个非常梦幻的母亲，她始终崇尚外国人在草地上野餐的美景。

　　所以在我念小学时，某一年的母亲节，特地到三商百货买了一只米白色藤编六角形野餐篮送给母亲作为礼物。母亲欢天喜地地提着它安排野餐活动，平日就将它插满花朵，成为居家布置的漂亮摆饰。

　　而我记忆中最炫的野餐篮是一只红色有盖的野餐大提箱，上面附有背带，提箱的容量很大，具有保暖与保冷的作用。野餐总是由爸爸开车带我们前往郊外，这只野餐篮陪我们远征了台湾好些地方，金瓜石、内湾、新竹……山边水湄之处，都有我们野餐的足迹。尽管它又大又重，但是曾经收纳的温情记忆与美味食物，使得它比那些漂亮的高档野餐篮都更显分量，如今它被安稳地收妥起来，成为我们缅怀童年野餐时光的最好信物。

◎ 简配餐具的Optima野餐篮（IF）

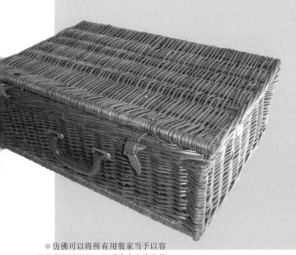

● 仿佛可以将所有用餐家当予以容纳的藤制野餐篮，很适合全家族分量的野餐手提篮（IF）

迷人的芳香杂货

以香草或芳香精油制成的芳香杂货，具有一种古老的沁人风味。用织品包裹着香草制成的居家用品，或是沾上香气的生活纸品，还有让居家充满香气的室内芳香喷雾，这些都是经过世代经验累积而形成的香草芳香杂货。

●欧洲流行以细致的丝绸布料，缀上珍珠与花饰，缝入芳香材料的美丽香囊（洒绿茶馆）

芳香杂货从悠久的历史中走来，散发着迷人香气。它经过世代更迭，在不同的历史场景中扮演着治疗与辅助心灵的角色。当今的芳香杂货对于身心舒缓与居家气氛经营，都有着重要的作用。

▲驱邪与杀菌的芳香传统

人们在古埃及年代就懂得运用香草，当时主要焚烧用来祭祀神明，在炊烟袅袅的气氛中，用无与伦比的香气感谢与赞美天神。

尔后，香草用品在权贵阶级中逐渐普及，古希腊与罗马的国王们爱好用香草沐浴，甚至为身体添香，在当时这是极为奢侈的贵重用品。所罗门国王命仆人在床上铺满没药、芦荟与肉桂等香料，它们散发着的浓郁

●帮助衣物添香的芳香袋

香气可以放松精神，让国王的睡眠品质更好。奢华的埃及艳后甚至在床上铺满玫瑰花瓣，当时她已经明了玫瑰花有助于安眠。

古罗马帝国时期的贵族们也知道香草的杀菌能力，他们懂得将装满香草的香袋携挂在身上，主要祈求驱逐病毒与祈福。在香道的传统中，随身的香包或香囊具有护身符的作用，借由香草来帮助降妖除魔。

芳香用品普及至民间主要是应杀菌与洁净的需求。在黑死病与霍乱横行的16世纪，许多欧洲人不敌病菌的肆虐而病死。当时的英国小镇伯克勒斯是薰衣草贸易中心，经年弥漫着浓郁的薰衣草气息，在黑死病流行的时期，该镇竟然奇迹似的避免了黑死病的传染与流行，人们意外发现了香草具有杀菌作用。

欧洲人于是将薰衣草视为抵抗疾病的良方，将薰衣草喷洒在身上、衣服上，有助于防止衣服受到虫蛀与螨虫的侵蚀。

欧洲人甚至将香草制成随身的杀菌物，许多女性在出门前会准备一个小布袋，将各种香草如薰衣草、百里香与迷迭香等放入布袋，然后随身携带以便利用香草的杀菌力抵御外界细菌的感染。大人也会为儿童准备装满薰衣草的丝质香袋，挂在脖子上，帮助抗菌护身。

▲女王们的传播魅力

中古欧洲时期，薰衣草开始被视为是抵抗许多疾病的良方，薰衣草的加工

●洁净空气、美化视觉的
芳香小物（洒绿茶馆）

因而成为一种繁荣的产业，经营薰衣草贸易的城市遂成为经济重镇。

当时各国皇室是薰衣草与各种香草的最大客户。皇室们对于芳香用品的推广具有很大的影响力，今天听起来依旧十分时髦的香料手套，便是由法国凯瑟琳皇后从意大利引进的风尚，这是在织品夹层中添加各种香料缝制而成的高级手套。而在当时盛行霍乱疾病的巴黎与伦敦，习惯戴上香料手套的人，免疫力要比其他人来得高。

法国的凯瑟琳皇后认为戴上香味手套能增添魅力，使她在社交场合举手投足之际都能散发迷人的香气。法国约瑟芬皇后总是把装满香草的香袋系在腰际，这样在行走款摆之际，就能够散发阵阵迷人的香气，是个人无声的魅力语言。而英国伊丽莎白一世女王对于芳香用品也情有独钟，她在意大利旅行时，将大批的香袋、香球与香味手袋等用品带回英国，其中又以百花香最受她个人喜爱，因而在民间流传普及。

●垂吊在空间中的芳香杂货，
富有讨喜又美丽的造型

百花香是一种融合各种香草与香水的混合香料，精于调香的法国人运用蒸馏香水后留下来的渣，混合薰衣草与玫瑰加以搅拌，放入漂亮的壶中，然后输出英国。百花香在英国广受欢迎，当时伦敦并没有废水排放设备，因此街道卫生状况不良，瘟疫与霍乱经常肆虐。家家户户使用这种百花香，不仅能杀菌，也能帮助消除室内空间异味，在当时是一种重要的杀菌与防腐用品。尔后，人们也用这种百花香装饰居家，摆放在漂亮容器中的百花香不仅为室内增香，同时也是极为优雅的摆设，具有塑造气氛的绝佳效果。

人们渐渐从实用的杀菌防腐角度中，找到芳香用品的生活乐趣。在学习皇室贵族们佩带香袋增添身体香气时，发现香袋在炎热的天气中具有消除身体异味与保持清爽的绝佳效果。就这样，芳香物品从最早杀菌与保平安的需求，演变成生活中洁净与添香的清洁品，甚至成为提升室内气氛的香气杂货。

▲中国传统的香囊疗法

在中国古代也已经发现，运用各色疗效的草药制成香囊，佩带在身上，能够杀菌并驱邪。端午节佩带艾草与各种香包的传说，便与香

在伦敦Floris老店买到的香粉与乳液，光是外瓶的设计，就足以将人带回古老而华丽的时代

气具有驱邪杀菌的传统有着深厚的关联性。

而今，运用随身香袋治疗疾病，也是中医流传至今的疗法之一，最常用在感冒与呼吸道疾病的治疗与预防。不同于西洋的香包袋内容，中医选择中式药草，如藿香、佩兰与艾草等具有优越杀菌力的药草，将它们放入小型布袋中，包扎好后挂在身上。

香草散发出来的香气具有刺激鼻子的作用，可使依附在鼻黏膜与呼吸道的病毒不容易久存，减少罹患感冒的机会，同时也可以提高人体局部的抗病能力。

▲英国的创意芳香用品

拜英国皇室迷恋香气之赐，英国的芳香杂货具有非常悠久的传统，甚至成为经典的生活用品，在许多人的生活中绽放香气。

创立于1730年的古老香水铺J.Floris，是伦敦原创的芳香品牌。坐落在繁华的Piccadilly Circus，三百年来服务过成百上千位皇室贵族与社交名流，这是具有皇室品质保证的经典芳香铺。

打开厚重大门，宛如走入悠远的时光隧道中。经典的芳香铺子，以深色木质装潢打造，给人非常沉稳舒适的气息。

柜子里陈列着历久弥新的各式芳香用品，充满栀子花香气的香粉与沐浴乳，还有如皇室般高贵香气的百合花肥皂，都是J.Floris经典的芳香用品。所有的瓶罐一律是深蓝色花纹，

● 在时代冲刷中，历久弥新的Floris芳香品牌

采用深蓝色纸盒包装，上面描绘着银色花纹字样，低调而优雅的风味，一点也不陈旧，典型的英式风格，令人回味无穷。

英国有最为经典的皇室风味芳香杂货，也有让人乐于亲近的创意杂货精品。坐落于柯芬园附近的卡尔培伯草药中心，像是一个低调的街坊小杂货铺。里面有各种装盛于陶罐的新鲜药草，供人依照自己的症状挑选。它最为有趣的芳香杂货礼品是一种芳香风扇，在一只小风扇里面附上纸垫，滴上精油后打开风扇，就能够享受沁人的徐徐香风。

▲我的芳香杂货

随身的香袋，居家应用的香包袋，甚至居家空间的芳香用纸，都是使人爱不释手的香味良品。

我喜欢使用的芳香杂货是香味衬纸，一整卷的香纸，应需要而裁剪，放入抽屉中香气特别浓郁，抽屉里的物品也能因此沾染香气。Crabtree & Evelyn的芳香衬纸非常优雅迷人，以花香著称，长久以来拥有许多爱好者。我认为summer hill香味的芳香衬纸是非常典雅的居家芳香用品，将洗干净的衣物折好，放入衣柜前，先放入芳香衬纸，如此衣物就能充满森林般的自然香气。

◎ 各式花草香囊（酒绿茶馆）

在巴黎旅行时经常可以在家饰店看到漂亮的小香包，漂亮的造型加上缝制的缀珠与缎带，里面塞满香草，散发着迷人香气，放在空间中就是一款很美丽的装饰品，也是使居家环境升温的魅力道具。

小香袋放置在衣橱里，除了为衣服添香，

还可以除虫，特别是梅雨季节，各种虫类滋生。我尤其钟爱以玫瑰与百里香做成的小香袋，加上具有杀菌效果的茶树精油，在优雅清香的气息中，融合了沁人的舒爽风味，对于杀除空气中的细菌特别有效，是放置衣橱里的合适香袋。

●将干燥花朵加入香精混合的百花香袋（洒绿茶馆）

或是学学约瑟芬皇后，将小布袋放入皮包中，则所有个人物品都将沾满这股香气，让我一整天彻底地感受薰香的美妙。芳香杂货融合着历史记忆，从古到今始终释放美妙香气，守护着人们的健康，更抚慰着人们的心灵，它是跨越时间洪流的风格杂货。

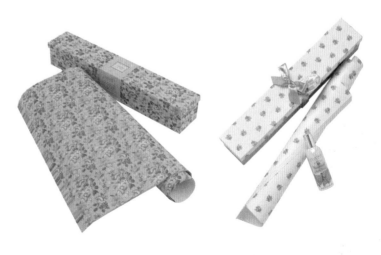

●Crabtree & Evelyn的芳香衬纸

优雅的英国帽子

与平民生活息息相关的
衣着配件，有时不仅为了保
暖或装饰，更多时候来自文
化与传统的习惯因袭，在岁
月中慢慢促成一种杂货的成
形。

◎拼花缀饰的前卫风英国帽

英国的帽子，是传统的社交配件，也是保暖的功能性饰物；它从丰富的文
化传统中累积酝酿，成为一种具有艺术美感的生活配件。来自生活，也落实于
生活，帽子是英国人最为独特与引以为傲的杂货。

▲多彩多姿的英国帽传统

英国有数不清专卖帽子的店铺，走进任何一家英国帽店，你都可以在其中
找到惊喜。世界上也只有英国，能把
帽子的花样变化得如此多彩多姿。

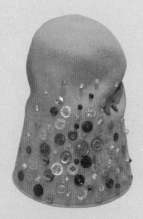

高贵的宽边帽、巴拿马草帽、
圆顶小礼帽、前卫的鸭舌帽、缀满花
边的淑女帽……各种造型与色彩的帽
子，宛如花朵，开满了整间帽店。说
这些帽子是花朵一点也不为过，因
为，它们正是为了让女士们在难得

● （左）毛线织的帽子，可以很好地抵御寒风对头部的侵袭
● （右）Fred Bave扣子帽，缝上各色扣子为装饰的奇趣风格

一见的暖阳春日时，穿戴赴宴、约会、活动与散步。帽子是社交礼仪的代表配件，也是彰显英国女性美感的重要饰品，没有帽子装点的春天，整个英国的风景都会失色。

帽子在英国更是一种从古老时代就讲究的文化传统。戴帽子的时尚，与英国的气候有着密切的关联。戴上帽子外出，意味着天气转好变暖。由于英国冬天较长，气候湿冷且温度多变，每年的春夏温暖季节就是大家引颈期盼的好时节（Good Season）。好时节是英国人生活中的重要传统，通常由一连串的体育活动拉开序幕，如温布尔登网球赛、皇家阿斯科特赛马会、古董博览会或划船比赛，精彩的活动让人从阴冷的冬眠中苏醒。在温暖季节来临时，盛装外出看比赛就成为英国人一年中的社交盛事。

这个时节通常由4月的复活节过后开始，但是英国的天气变化多端，每年开始的时间不定，有时甚至要到6月中旬才迈入温暖时节。由于诸多活动都与好时节密切相关，所以这个日期由政府统一发布。

● 在伦敦买的小圆帽，记得当时也是好时节正要开始的时序，街上的帽店开始热闹起来

当英国的时序迈入好时节时，这也意味着结婚的旺季开始了，参加婚礼是英国人在好时节的重要社交活动，而帽子更是不可或缺的礼仪配饰。

春天戴上帽子去参加球赛与婚礼，秋天与冬天戴上帽子则帮助御寒。多风的英国天气，一项帽子真的非常好用，足够保护头部，避免受寒。此外，它更是品位的象征。一个人衣物柜中帽子的数量，暗示着个人经济状况。越富有的

人，他所拥有的帽子种类与数量也就越多。

▲把帽子落入生活

因为英国有如此悠久的传统，以及庞大
的戴帽人口，所以有诸多优秀的帽子设计师
投入帽子的设计工作。大大小小的帽子工
作室在英国遍地开花，而各种帽子设计
学院的养成教育，也以扎实的实务训练
与美学理论培养着种子设计师。

帽子在英国有广大的市场，即使在百货部门中，
成名与未成名的帽子设计师的作品，都有机会摆放在同一个区域中，让大家自
由选购与欣赏。这也是鼓励新秀参与表现的舞台，于是，源源不断的优秀新秀
都有机会投入英国的帽子设计行业中。

◎很适合搭配典雅衣
着的英式传统帽

英国的帽子设计师平日除了设计与销售帽子外，更参与帽子文化的推广，
他们真心喜爱这个传统配件并以参与设计为荣，因此更乐意在工作中，将帽子
的文化与美感，通过各种形式推广，让更多人了解。

帽子流行的旺季从每年5月开始，因应好时节来临，各大百货公司会在5月
份热闹地推出帽子上市活动，不仅有名牌帽子设计师的帽子秀活动，还可以让
发型师现场挑选合适自己发型与脸型的帽子，人们也乐意花上许多时间试戴各
种帽子，这是属于5月份英国人生活中的优雅乐趣。

在英国过去的历史中，帽子扮演着隆重的社交角色，而当今英国的帽子设
计师希望落实其普及性，让帽子不仅在重要的社交场合露面，同时成为日常生

活的配戴饰物。

▲优秀的帽子设计品牌

Stephen Jones设计的帽子以夸张的造型著称，这位替Jean-Paul Gaultier、Thierry Mugler等名牌操刀帽饰设计的英国帽子设计师，具有一种天生的幽默喜感，能创造出令人快乐的帽子，连麦当娜与乔治男孩都指定他来设计帽子。

Stephen Jones认为帽子设计如同其他的设计创作一样，不需受拘束，应该任意挥洒想象。他的帽子创作虽然怪诞，却往往给人耳目一新的惊喜，可说为传统的英国帽子文化注入了创新的活力。

他对于帽子与造型的搭配，也经常有独到的见解：巧妙运用帽子的造型，能够为一成不变的装束带来创新的印象；善用帽子修饰脸型或身材，可达到调和线条的作用。

▲英国女王的帽子

英国的帽子受到重视，或许也与英国女王本身的爱好与支持有很大的关系。

● 日裔英国设计师Misa Harada的帽子作品

● 这一顶帽子令人想起好时节的暖阳
春日，蔚蓝的舒服晴空，让人开怀

即使是秀气斯文的人，戴上这顶
帽子，也会有摇摆生风的酷感觉

英国女王往往是许多女性追随的风向指标，从来不追随流行，只穿着经典英式
服装的伊丽莎白二世，她的着装风格成为经典气质的代表。这位英国女王非常
喜爱帽子，会根据身上的衣着类型与色彩，以及所处的环境，来搭配合适的帽
子。

女王的帽子也跟随着服装材质而变化，她最喜爱的莫过于使用绢花、羽毛
或雪纺纱所制作的帽子，那些网状镂空的蕾丝帽子也是女王爱好的类型。

为大众熟知的英国绅士礼帽，曾经是英国文化与绅士传统的代表。这种圆
顶礼帽最早在1850年由英国人James发明。这是一种圆顶毛毡帽，顶部材质较
硬，当时的设计主要采用较硬的材料来保护头部，后来因为圆顶帽容易清洗，
价格合理，尤其它类似上流社会人士所戴的高顶丝质礼帽，所以19世纪时普遍
流行于普罗阶层。今天，少数英国人还会在节日或仪式中佩戴这种圆顶帽。

▲给人安慰与惊喜的帽子

帽子自古给人一种既神秘又公开的色彩，戴上帽子与不戴帽子前后的变化

差异，往往影响着个人形象，就因为这种莫大的变化，帽子总被赋予通往奇妙经验的神秘形象。

美国儿童文学作家苏斯博士生前就是帽子迷，他收集了数百顶不同造型的帽子。据说当他在创作时，若缺乏灵感，就会从衣柜中随便找一顶帽子戴在头上，随着不同帽子的更换，脑中就会出现许多奇异的灵感，让他文思泉涌。帽子，仿佛就是苏斯博士的创意魔法来源。

日本有个著名的童话故事也与帽子有关。一个小女孩渴求到夏日的海边度假，可是父母无法如期带她前往。非常失望的她，在某个意外的情况下，捡到一只草帽。好奇的她便戴上草帽，奇妙的是这顶帽子带着她经历了好玩的海滩之旅。看过了海浪的翻腾，见识了白沙滩的贝壳，与阳光和螃蟹追逐，小女孩快乐极了，卸下帽子的她，由衷地说，再也不需要到海滩了，因为她已经亲身参与了海边的美好假期！对于这个小女孩来说，帽子是一个通往神秘国度的通行证。

英国知名的帽子设计师Philip Tracy更为帽子的魅力，做了这样的注解：戴上一顶好帽子，就像运用便宜方法做了一次整形手术一样的美妙！从设计师的角度看来，美丽的帽子可以修饰脸型与气色，还能帮助遮掩缺点，让人看起来更为出众！

帽子在时光的渲染下，从纯粹保暖与御寒，走向满足社交的需求，并且融入更多时尚与文化元素。拥有如此美好传统的英国帽子，备受英国人喜爱与拥护，而今，也将带着充满光辉与荣耀的光环，把美丽风采传播给更多世人。

雨天的外衣

下雨天的时候，你的心情是不是有些沮丧？如果能够拥有一件美丽的雨衣，那么走在雨中的心情应该会为之改观。

即使是下雨天，也依旧悠然自得走在雨中的英国人，在雨衣上面找到不便气候下的生存之道。因应天候需求所产生的杂货，不仅符合实际的功能要求，同时也充满着美感。承载历史的英国雨衣便是一种充满隽永香气又富有生活情调的经典杂货。

◎ Aquascutum晴雨两用格纹风衣

▲英国人的雨衣

英国人很懂得在雨天制造乐趣，向来注重户外活动的传统使然，他们有大量的书籍与报章杂志，教导人们在雨天求生存的方式。

◎ 为雨天步行者所设计的雨帽，具有很好的防水设计，能保持雨天散步时的优雅形象

确切地说，如何在看起来不便的雨天里，让自己表现从容与优雅，还能品味着雨中的即景乐趣，这是英国人在恶劣天候中，所散发出来的幽默。

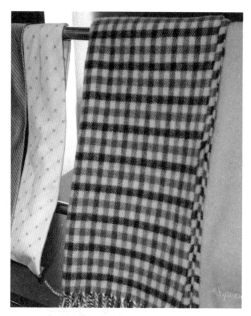

所以，雨天的衣着便至关重要了，只有设计优雅且能够防水的衣物，才能使人在雨天还能坚持着优雅与品位，维持整体的形象。你会发现英国人对于雨天的装束道具较多，而且相当重视细节。许是英国人相信雨天的装束如同晴天一样重要，对于礼仪与细节的讲究也表现在雨衣的要求上，这就是生活美感的极致表现。

著名英国童话故事《帕丁顿小熊》（*Paddington*）中，小熊不是始终神气地穿着一袭红色橡胶雨衣？这个童话小熊的造型，宛若是典型英国人的代表形象。

英国人是最懂得雨天打扮美学的民族，这或许与整个国度终年笼罩在阴雨天气中有关，它造就了许多知名的雨衣品牌，Burberry、Aquascutum、Barbour通通产自英国。

英国人在制造雨衣时，有几个至关重要的考虑因素，一个是材质对于水分的渗透度，一个是重量。要能够在雨中轻巧优雅地行走，雨衣的质地必定要轻巧。于是，无论使用哪一种布料纤维，每款雨衣在制造之前，防水布料的加工是影响品质的关键。英国最好的雨衣材质由羊毛纤维制成，上面再以科技处理防水胶面，如此就能造就又轻又保暖的好品质。

英国雨衣一直是兼具实用与美观的时尚衣物，至今，英国人对于雨衣的设计仍然严谨，随时注视着流行风潮的转变。永远致力于追求更为新颖的材质、更好的剪裁与更新颖的款式，是英国雨衣立于不衰之地的原因。

▲雨衣与英国气候

雨衣在英国的盛行，与气候类型绝对有关系。拜大西洋暖流之赐，为高纬度的英国带来温和湿润的海洋性气候。

英国气候不仅多雨，而且多变化。大多英国人不相信气象预测，因为总与事实相违背，往往预报晴朗，却突然从大西洋上空飘来高气压，带来一整天的雨。

由于气候多变，连气象专家都难以预测，如果你在一个阳光灿烂的夏日早晨，看见一个英国人手上拎着雨衣、提着雨伞的景象，千万不要太诧异，随时携带的雨具，正说明天候难测，说不准过了中午就来场倾盆大雨。在英国，一天之间忽晴忽阴又忽雨的情形是常见的。

如果身上随时穿一件具有防雨作用的外衣，就不需担心突如其来的大雨了，这就是雨衣在英国受到重视的理由。也因为要顾及绅士与淑女们在雨天行走的优雅形象，雨衣的造型与设计自然要妥帖地符合大方气质与经典潮流，最重要的是耐用。

走在冷风吹拂、飘着毛毛细雨的英国街头，经常发现许多英国人不打伞，只穿着一件风衣。这是因为长久以来，英国雨衣的设计已经能够发挥雨伞的作用，除了挡风遮雨，还有优越的保暖效果。

▲ 保暖与便于携带

虽然雨衣形式在18世纪防水布料发明后才较为具体，但是人们在更久远的年代，就有试图为衣物增进防水功能的意识。

早在数百年前，人们已经具有制造防水布料的基本能力了。在13世纪左右，位于亚马孙河附近的印地安人便懂得从橡胶树中萃取一种白色物质，他们将此橡胶物质涂抹在靴子与帽子上，如此便具有基本的防水效果，这是防水雨具的雏形。

当欧洲人于16世纪来到美洲时，发现了当地人运用的绝妙技术，并将技术带回欧洲。18世纪开始，欧洲人开始试验制造具有防水功能的布料，1821年，第一件雨衣在伦敦诞生了，使用安哥拉羊毛织成的斜纹布料。

● 细格纹风雨衣是英国雨天街道上的一抹鲜明风景

由于它是英国人G. Fox所发明，这款雨衣便叫作"Fox's Aquatic"（防水的 Fox之意）。

尽管早期人们对于橡胶应用在防水布料上多所尝试，但实际应用还是碰到了诸多困难。涂上橡胶的外衣若碰到热天，衣物材质会变得又黏又滑，甚至还会融化，且发出橡胶的臭味；而在极冷的温度下，橡胶质料又会显得过于坚硬，缺乏弹性。

这些问题到了1823年获得解决，英国人Charles Macintosh将橡胶与纤维结合，创造了第一件现代的胶雨衣，这是雨衣史上最为重要的变革与突破。他利用挥发油将橡胶溶解为液状，然后将此种混合液体涂抹在纤维上，成为防水布料。Macintosh取得防水布料专利后随即在工厂量产，他的第一个客户就是英国军方。

由于Macintosh的发明，直到今天许多英国人仍然称雨衣为Macintosh。这个发明，使得雨衣制造有了更为突破性的发展。尔后则由几位美国人将Macintosh发明的橡胶布料改良为更轻巧的材质。

▲英国经典雨衣

在英国雨衣史上，最不能忽略的两大品牌就是Aquascutum

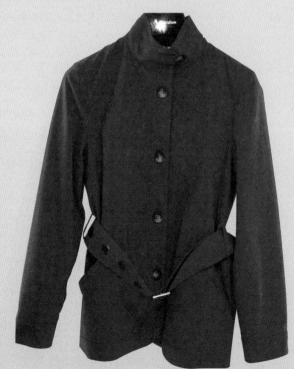

© Aquascutum红色双面风雨衣让人在雨天依然保持靓丽的形象

与Burberry。20世纪之初，大多数的橡胶雨衣穿起来感觉闷热，无法给人轻巧舒适的感觉。这时，创立于1841年的伦敦品牌Aquascutum悄悄地在伦敦街头开设了一家小店，它运用天然防水纤维为布料，以精湛的手工缝制技术为高级客层制作男用外套。

Aquascutum在拉丁文中就是防水的意思，不同于橡胶纤维，Aquascutum使用高级羊毛纤维，再运用几道化学处理手续，使其具有防水效果。今天Aquascutum以高品质的防水大衣受人瞩目，甚至成为英国传统服装的代名词，也让这个经典雨衣老牌继续活跃于世界时尚舞台。

原本是布庄学徒的Thomas Burberry，二十一岁那年在英国的Hampshire开设一家成衣店铺，专门销售手工制作的风衣。他偶然发现家乡的牧羊人与农夫身上常穿的麻质衬衫具有冬暖夏凉的优质特性，于是通过自行研发，创造出一种运用革新方法编织而成的斜纹布料，这种透气又防水的结实布料非常耐用。

在第一次世界大战时，Thomas Burberry奉命为英军设计军服，当时他设计了一款具有防湿功能的风衣，背部加上厚片，以应军事旅行的保暖需求。当时五十多万英国官兵都穿过Burberry所设计的风衣，这款军用风雨衣便成为Burberry风衣的代名词。当然，也因为Burberry所设计的风雨衣比早期的橡胶雨衣要来得轻巧且凉爽，在大战结束后，Burberry的风雨衣便开始在民间流行。在英国女王选购Burberry风衣后，这个品牌一跃跻身高贵名牌之流。

▲其他的雨衣

提到雨衣，人们自然会联想到经典的米色和茶色，这是传统英国雨衣给人的鲜明印象。然而，美国各品牌的设计师更乐意推陈出新，把雨衣当作一种时尚，对于细节有更多考量与设计，雨衣在纽约设计师的手中，变成时髦的时尚配件，缤纷亮丽之余，让人乐于跟着季节来为雨衣换季。

于是，在纽约的4月雨季，街上仿佛盛开了缤纷的花朵，属于美国人的雨衣是亮丽多彩的！无论洽公还是逛街，谁都没有理由让下雨天弄坏好心情。雨衣不仅是英国人漫步街头的保护之服，它也是时髦纽约客身上勇于表达雨天好心情的美丽配件！

就算在下雨天也要穿得漂亮光鲜，这是欧洲人对于雨衣细节的考究重视带给我的启示。

对于同样多雨的台湾而言，雨天充其量是不便与湿气凝重的日子，对于大多数人来说，雨天还是个令人讨厌的气候！许多女性在雨伞上寻求造型与变化，但是，真正将雨衣当作外衣搭配者还是少见。

在台湾，满街的机车骑士，雨天里清一色是黄色与灰色雨衣，那么沉闷的色调，让原本就灰色的雨天街景更显昏暗。难怪大家都不爱雨天，因为相应的配件没有提升到让我们感受美的体验，至少，穿着黄色雨衣的女骑士们，是不会承认自己拥有美丽形象的。

何时在台湾也能展现充满品位的雨天文化，如果在多雨的季节，大家有漂亮的雨衣可以穿着，相信大部分人都会从此爱上雨天！这也是服装设计业者不妨动点脑筋的商机。

●挡雨又御寒的格纹帽

悠然经典的英式红茶

红茶，是三百年来影响着英国国民生活的饮品，在时光的浸润下释放着温暖经典的香气。爽口又温和美味的芬芳口感之所以令人怀念，因为红茶不仅是英国人民社交生活的媒介，更是他们每天赖以维生、带来活力与灵感的生命饮品。

▲英国午茶的国民传统

每天下午不管英国人的工作多么繁忙，只要午茶时间一到，天大的事情也都会暂时放下，因为没有什么比喝杯午茶更为重要。就连在宿舍打扫的英国清洁妇，也会毫不犹豫地放下各种扫除工具，停下快速匆促的工作步伐，因为午茶时间来了！

英国人的午茶可是件大事，街上的司机、修水电的工人、送信件的邮差，这时都会纷纷停下来喝杯茶。就连进行行军训练的英军也不例外，每个英军的行军装备中都有一只保温瓶，里面装了热红茶，如此就算在条件较差的野外进

●珍藏多年的骨瓷红茶杯

●洒绿茶馆的红茶茶具

行训练时，也不至于影响他们正常的喝茶习惯，顺便还可以补充热能。

没有空闲的人会取出随身携带的热水壶，打开来品饮红茶，啃几块英式甜饼。就这样从早上到夜晚，英国人一天要喝上三五次红茶，直到睡前才停止。

欧洲最早接触茶叶的是荷兰人，尔后又传到葡萄牙，但红茶文化却在二十年后的英国发扬光大。英国人能品饮红茶，要拜凯瑟琳皇后之赐。凯瑟琳原本是葡萄牙的公主，她在1662年嫁给英国国王查理二世。出嫁时公主将传入葡萄牙的红茶带入英国，也将饮茶的风气带入英国皇室。因此，凯瑟琳皇后可说是第一个饮用红茶的英国人，由于她的引进，自此三百多年红茶在英国风行，成为经典的独特文化。

下午茶传统起源于18世纪的英国，当时上流社会早餐吃得丰盛，午餐吃得简便，晚餐则等到8点跟着社交活动一块儿开始。当时一位公爵夫人每到下午就精神不济，于是吩咐仆人准备糕点、松饼与三明治搭配红茶，没想到用过茶饮与点心后，她的精神完全恢复，于是上流社会的贵族们纷纷学习效法，午茶宴会便由此产生。

18世纪中期红茶渐渐进入平民生活，伦敦郊区开始出现红茶庭园，不仅可以饮茶，还可以读报、玩纸牌、打听新闻、与朋友相聚，逐渐地，红茶庭园成为英国人喜爱的社交场所。不久，加入了更多能填饱肚子食物的High Tea也开始在饭店、百货公司流行。

▲去油解腻的英国红茶

根据传统，通常英式午茶在下午4至5点开始进行，而且要搭配一定的甜点，这种饮食方式绝对不只是单纯的聚会品茶闲聊或是吃吃甜食而已，从历史

●洒绿茶馆的红茶风景

上公爵夫人的实际体验看来，午茶对于补充人体能量具有一定的帮助。特别是下午时间，能量消耗得快，没有适当补充将容易使身体的抵抗力变差，而红茶可说是冬季午后的最佳保养饮品。

午茶不仅是英国人活力的来源，更是一种保持身材的手段。午后一杯红茶与点心可以帮助身体保持精力直到黄昏，这样晚餐就会摄取得比较清淡，据说，这是最完美的饮食习惯。因为我们的胃肠习惯了少量多餐的进食方式，因此，到了晚间胃肠呈现半饱足的状态，自然会倾向摄取少量且清淡的食物，而这也是英国美女们控制食量的绝妙方法。

红茶也是调和油腻的良品，特别在冬季，英国人为了驱寒，难免会食用许多高热量与油腻的食物，因此通过大量饮用红茶来帮助去油腻，还可以帮助消化，如此就能够维持良好的身材。无怪乎在英国很少见到肥胖的体型。

▲Fortnum & Mason御用红茶

红茶的选择上，我偏好英国制的Fortnum & Mason红茶。这个1707年创立的红茶品牌，至今坐落在伦敦时髦的Piccadilly Circus区域，三百年来供应英国皇室御用，特殊的渊源使得它出产的红茶也成为经典象征。

Fortnum & Mason像绝大多数英国的经典百货公司一样，创业之初以杂货店起家。创办人William Fortnum，原本在朋友Mason的市场小店帮忙，后来到宫廷里担任安妮皇后的脚夫，他将宫廷的旧烛台贩卖后获得了创业基金，于是开设一家杂货店。William Fortnum说服Mason一起经营店铺，而自己则继续在宫廷帮忙，由于与皇室成员保持良好的人脉关系，他开始供应他们各种食物与杂货。随着皇室成员的推荐与口耳相传，所需要的物品越来越多，Fortnum & Mason开始供应更多高级的货品，如高级的肉冻、浸满白兰地的蛋糕、水果干与果酱，各式精美的水果馅饼以应付皇室的高档需求。

© Fortnum & Manson的锡兰红茶

就这样以供应皇室食物与杂货用品创业的Fortnum &
Mason，至今成为一个综合性的高档饮食百货店。有
三百年历史的店铺呈现一种穿越历史的典雅味
道，各式各样的红茶，袋装的或罐装的陈列
其中，与品牌气味符合的深橄榄绿外
盒透露着时光淬炼的光泽。整个
店铺的气氛安静而沉稳，尽管
来往人潮很多，却没有一点嘈杂
声响，每次光顾这里总会使我产生
一种非常沉静的舒适感。

●我最钟爱的Fortnum & Mason的
Royal Blend茶叶，这是袋装包装

▲优雅红茶文化

每天至少要饮用十杯以上红茶的英国人，除了发展出浓厚传统的红茶文化外，红茶的精神也融入平民生活中，从历史与文学作品可见一斑。就连诸多童话故事，也常见午后红茶的场景。

◎茶与优雅茶具的对话

英国最为著名的童话《爱丽丝梦游仙境》中那个有点荒谬的午茶宴会以及午茶成员，就是开启爱丽丝漫步仙境的一把钥匙。

英式午茶重视排场，对于茶道具与场景安排也颇为讲究。英国的英式午茶内容是这样的：正统的品茶会会准备上好的骨瓷茶具，完备

◎洒绿茶馆中典雅风味的三层午茶甜点架

的点心装在一个三层的银色经典托盘架里，从下而上分别为小黄瓜与鲑鱼三明治、英式小松饼（Scone）、起司蛋糕和水果塔。品尝点心的顺序也有讲究，一般的食用顺序是由下到上、由咸到甜，这和正餐中从主菜到甜食的顺序是一样的。

英式午茶讲求安逸舒适的气氛，让人在啜饮红茶之际，优雅的感受由内而生。它是一种社交行为，也是具有教养文化的礼仪活动。因此英国也有所谓的茶道表演，在正式的茶宴中邀请小型管弦乐队演出悠扬的乐音，使人感到在那儿品茶既优雅又舒适。如果你到Fortnum & Mason，就能够参与这样一场充满文化气息的午茶茶宴。

至今，伦敦的丽兹酒店的午茶时光仍保留古典传统，令人向往。那里同时保有华丽的排场与使人舒适的氛围，所选用的茶具与饮茶道具都给人舒适愉悦的感受。首先是茶具，使用纯白的骨瓷茶杯，让人可以好好地欣赏红茶茶汤的美丽色泽。此外有放各种小甜点的精致茶盘、夹柠檬片用的小夹子、用来过滤茶叶的银制小滤器，还有各种精美的刺绣茶巾一应俱全，这些令人赏心悦目的配件，使得品茶的过程充满了乐趣。

◉ 小茶碟

◉ 精巧的红茶茶杯

▲我的英国红茶

在英国旅行时，我总是一大早就去咖啡店报到，然后点一道分量十足的英国早餐品尝。虽然英国的食物并不美味可口，英式早餐却是一天最美好的安慰。英式早餐很丰盛，无论是蘑菇煎蛋饼、马铃薯饼还是火腿配烟熏香肠，搭配浓郁的英国早餐茶都是绝佳的组合。

英国人的早茶总是一大壶一大壶地装盛在厚重的陶制或瓷制茶壶中。无论在哪里，都能够品尝到分量十足的红茶。最常用来作为早茶的种类是英国早餐茶或格雷伯爵茶。英式早餐少不了油腻中带点咸味的肉类与煎蛋，而茶的浓重味道会中和稍微油腻的口感。

● 在英国牛津买的茶巾，上面是《爱丽丝梦游仙境》的童话场景

我是Fortnum & Mason的爱用者，喜欢利用去伦敦旅行的机会，一次将铁罐与茶袋式的红茶分量买齐。如果没有机会去英国时，还可以到香港或日本购买，这两个地区都有贩卖Fortnum & Mason的红茶。每当我疲劳困顿时，喝上一杯浓郁的Royal Blend，那种多层次芬芳口感，总能将我从疲劳谷底带回精神奕奕的状态，最重要是给予我心灵的深沉抚慰，油然从内心获得舒畅的安慰。

原本习惯早晨喝红茶的我，现在逐渐改成在午后品尝。特别是冷冬季节，一大杯滚烫的英式红茶不仅能帮助驱寒，同时也为疲劳的精神增加能量。抛开优雅的文化不说，红茶确实是冬季最为合适饮用的茶品。不如，就在这东北风吹得凛冽的午后，与我共品一杯英国红茶吧！

雨伞的文化逸趣

英国人重视伞，许是当地多雨，伞成为每天出门不可或缺的道具，所以他们致力于将生活必备的遮雨用品，变成具有美感的生活良品。

在世界上流传有数千年历史的雨伞，早已被世界各个民族广泛使用，然而却在英国本土获得垂青，甚至从它平凡的特点中挖掘出不平凡的美感。从生活出发，将用品改良与美化，就算是平凡如雨伞，也能在英国人的巧思灵感中流转为具有传奇故事的风物。

●色彩丰富的伞，往往可以成为室内装饰的美丽配件

让我们从多雨的英国出发，跟着总是携带雨具的英国佬们，探访雨伞是如何被他们发扬光大的美妙传奇。

▲伞的流传历史

最早的雨伞至少在距今四千年前就诞生了，从大量出土的中国、古埃及与古希腊等国的文明古物与图画中，都可以找到雨伞的踪影。

伞最早被发明用来遮阳，也就是阳伞的用途先于雨伞。而最早用阳伞来挡

雨的则是中国的老祖宗，他们在纸伞表面上蜡、涂漆，于是纸伞便具有防水效果，对于雨天在外的旅人来说，不再需要仰赖帽子有限的遮雨功能。如果当时中国没有发明雨伞，那么断桥相遇的雨中景象会少一点凄美的感觉；白蛇与许仙的相遇，缺少雨伞的触媒作用，恐怕也会逊色很多。

● Scottish House经典
红黑格迷你淑女伞

在古埃及、希腊与罗马时代，伞既用来遮阳，也是权力的象征。特别是国王与贵族身后，总有一个专司执伞的仆人，为皇族遮风挡雨。专属于国王使用的伞自然特别华丽，在顶端有花边与大量装饰，伞缘的后端还垂缀一块丝质或亚麻遮布，用来严密地遮蔽阳光。

除了彰显地位外，贵族们参与社交场合时，伞也发挥实际的遮阳功能。罗马帝国当时的剧院，有些是露天或半露天形式，碰到艳阳天的演出时，女士们会取伞遮阳。当时的伞以皮革覆盖，伞柄能够应天候状况升降。

甚至名画中也可以找到贵族手中执掌的伞，大英博物馆数不清的画作中，总有公主与贵妇们手拿洋伞的优雅身影。

▲英国的雨伞传统

一直要到16世纪，雨伞才于西方世界普遍流传。在17世纪的英国，雨伞是象征身份地位的奢侈遮阳道具，

●精致优雅的雨伞袋，成为搭配衣
着的细致配件（莎丽）

●DAKS英国格纹折伞

伞面上会缝制大量的羽毛，看起来非常华贵。这个时代的伞被认为是专属于女性的装饰配件，因而造型十分重视华丽感。甚至有的伞柄还暗藏玄机，按下伞柄上的按钮就可以取出香水瓶，这是献给贵妇使用的伞。

到了18世纪初期，伞开始在伦敦等地普遍成为大众的遮雨工具。但它依然是一种限制性别使用的生活道具，当时的英国人认为撑伞是弱女子的专利。大多英国男性认为撑伞的男人没有气概，只有不务正业或从事夜间娱乐业的男性才会使用雨伞。伞的使用在英国男士之间普及开来，是拜一位波斯旅人作家Jonas Hanway之赐，在保守的18世纪，他排除众议于公开场合使用雨伞，在争议声中慢慢说服保守的英国男士们接受伞具。这在今天看来，真是不可思议的趣闻，不是吗？

最早的雨伞专卖店铺也是英国人所创立，这家称为James Smith and Sons的伞店，在1830年创立，至今依然在历史悠久的牛津街上屹立不摇。

早期欧洲的伞使用木头或鲸鱼骨来制作伞架，上面覆盖油帆布或产于南美洲的羊驼呢布，工艺匠师更考究地在坚硬的黑檀木上雕刻漂亮的弧线造型伞把手，如此精致工艺与高品质素材所制作的伞自然价值高昂。

●晴雨两用的英国经典格纹伞（莎丽）

英国人对于伞的重要贡献在于将伞的制作量产化。1852年英国人Samuel Fox发明了钢制的伞骨架，这使得伞变得更为坚固，同时价格也变得比较低，量产的伞成为可能。伞在英国人手中曾经是贵族的专利，也曾是柔弱女性的象征，尔后在英国人努力下成为普及的生活便利品。

▲阅读一把雨伞

制作考究的雨伞大多会在伞骨材质上下功夫，并在伞面进行大量的花样设计，精巧者会加上刺绣，同时重视伞柄的细节处理，伞柄多是木制花样造型，且有独特的雕刻花纹。

就连开关的装置也非常考究，开关装置是否好用，是影响一把好伞的关键。

做工良好的物品，往往可以使用很久。这是对于物品本身的尊重，以及惜物精神的表现。可惜的是，在今天要买到一把好用的雨伞，可说难上加难。英国的传统制伞业能存活至今，主要因为人们发现廉价的雨伞太容易损坏，比不上耐用的英国制雨伞。

雨伞不仅实用，还有很好的传播力。西方人对于雨伞并没有东方人的禁忌，雨伞经常是英国文化中常见的酬谢礼品。

如果你到伦敦的Borders书店买书，超过一定金额，书店会赠送一把漂亮的品牌伞作为赠礼。英国大英博物馆有赞助者的捐款制度，每年到了岁末，博物馆就会寄发给捐赠者一把雨伞，上面署名博物馆方的印记。想来，雨伞是最为实际的物品，对于捐赠者而言，能够携带一把印有大英博物馆标记的雨伞出门，也算是带上品位与风雅的光环吧！

◎ 特别长柄的伞，具有一种纤细优雅的气质，很适合在秋天使用

▲ 雨伞是优雅的配件

下雨的时候，雨伞是遮蔽工具；不下雨的时候，雨伞就成为优雅的随身配件。自然的，雨伞的造型配色也要与当天穿着互相呼应，这一点法国女士体会最深。

如果说英国人将雨伞视为生活中不可或缺的实用道具，那么法国人则是将伞当作时尚配件般的热爱。法国人爱雨伞的热情不输给英国人，在法国无论天晴还是下雨，雨伞都有很好的销售成绩。雨伞之于法国人与其他配件同等重要，所以雨伞的款式如同服装时尚表现一样受法国人重视，经常需要推陈出新。走在巴黎街头，伞的风格与色彩往往是街道上美丽的风景。

至今仍屹立不摇的法国名伞品牌Piganiol Parapluies，是法国仅存的四家制伞公司之一，目前仍由家族经营。Piganiol Parapluies的雨伞十分高级时髦，他们把雨伞当作艺术品般精心设计，使用高级布料与高品质印花，在款式、色彩与形状上力求创新，光是形状就有传统的圆形、六角形以及不规则形状可供选择。

●Scottish House经
典白绿格雨阳伞

Piganiol Parapluies每年春夏与秋冬各推出两款新品，比如因应东方风的流行，它们就在蓝色伞面上描绘着白菊花，非常艳丽风雅。最令人惊艳的还有一种双面图案伞，伞面为黑色，内面则满布豹纹图案，是非常优雅别致的经典作品。

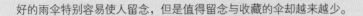

▲ 我的雨伞情结

之所以喜欢雨伞，主要因为我是个喜欢下雨的人。

好的雨伞特别容易使人留念，但是值得留念与收藏的伞却越来越少。

我有一把超过二十五年的日本制古董洋伞。在二十年前，日本的手工业还很盛行时，做工精致的花边洋伞非常受欢迎。传统的日本伞可以使用许久，由于伞骨本身牢固耐用，使用一段时间后，若雨伞的布面变得陈旧了，还可以请伞匠更换一只新的伞面。如此惜物的心情，今天听起来简直如同天方夜谭。

家中衣柜里还保存有一把历史超过三十年的法国洋伞，典雅的长长木制手柄，伞面比较小，淡紫色的布面缝缀了优雅的花边。由于是布面制品，在台湾使用的概率极低，对于经常下雨的北台湾来说，布面的洋伞太容易损耗了，稍不注意便容易沾染水气而使伞面损坏，只好将这把伞当作古董收藏起来。

雨伞是庇护着我们在风雨中的小天堂。好好选择一两支自己心爱的雨伞，长长久久地共同相处。只要天空依然继续下着雨，那么人类与雨伞的爱恋故事便能持续进行下去。

◎ 刺绣花边图案的英国制雨伞，总是讲究如此多的细节，这是艳阳天也很合适的晴雨伞（莎丽）

创造浪漫的蜡烛

法国人对于蜡烛的爱好更甚于其他民族，公元前1世纪之初，法国就有使用蜡烛的记录，而公元13世纪，巴黎更出现蜡烛协会的组织。

书写故事的丝巾

法国堪称全世界最懂得将丝巾运用在着装搭配的民族，法国女性衣柜中最多的其实不是衣服，而是丝巾。

收藏梦想的笔记本

过去两个世纪中，欧洲的艺术家与思想家们最爱使用的笔记本品牌就是Moleskine。它也是凡·高与毕加索爱用的笔记本。

玻璃器皿的魅力

法国玻璃之所以能有革命性的发展，相信与其国内三种重要的民生产业需求有很大的关联性：香水、葡萄酒与矿泉水。

法国 France

创造浪漫的蜡烛

尽管灯的世界精彩夺目，但西方人至今依然喜好以蜡烛装饰生活，因为蜡烛能够使空间变得梦幻，与灯光下的世界截然不同。尝试远离灯光，在烛光中静待一段时间，人的心情会变得更为沉淀透明。要营造温馨的生活空间，蜡烛可说是最为快速又经济的选择。

蜡烛具有指引与召唤的性格，由于照明区块有限，可以本能地吸引人围绕。在蜡烛光晕笼罩下，不安心情往往获得抚慰，因此蜡烛具有很好的治疗特质，是生活中安抚人心的治疗系杂货。

▲法国人生活中的蜡烛

或许是法国人生性浪漫，对于蜡烛的爱好更甚于其他民族，从历史中他们广泛且积极地参与蜡烛研发及应用就可以了解。公元前1世纪之初，法国当地已有使用蜡烛的记录；早在公元13世纪，巴黎甚至出现蜡烛协会组织。在一张1292年巴黎的历史单上，还记录着制造蜡烛者的姓名。

● 花与烛，永远都是法国人搭配摆设上的首选

法国人的居家喜欢以烛光增添浪漫气息，有别于我们习惯将室内打满灯光，他们会摆设大大小小的蜡烛。不论白天或夜晚的室内都很少开主灯，顶多打开一小盏落地灯，其余的空间就让蜡烛发挥魅力。

法国人确实不太喜欢日光灯或强烈的照明设施，至多使用落地灯或可移动的灯具，他们的客厅大都没有摆设主灯的习惯，取而代之的是处处可见的蜡烛，运用昏黄的小灯搭配各种蜡烛的温暖气氛，这是法国人最喜爱的居家照明风格。

法国人可说是最懂得运用蜡烛为空间增添气氛的民族，他们深深理解到蜡烛不仅具有装饰空间的作用，对于环境也有惊人的调节能力。在自家举办的随性聚会，通常只要点上几支蜡烛，整个空间就会转变为正式场合；而在宴客的日子，法国人会从庭院、门口与玄关的走道开始排列蜡烛，以独特香气与浪漫光芒来迎接宾客。

法国人也非常享受香气蜡烛的魅力，香气与光线都是构成法式居家装饰的重要配件。他们认为点燃一支带有香气的蜡烛，气氛就会变得典雅高贵，这种蜡烛除了使人心情愉悦，还有抒发压力的疗效。

▲蜡烛小历史

蜡烛（Candle）一字从拉丁文而来，是发光闪亮的意思。最早的蜡烛可以

●具有香气的蜡烛，总是在空间中释放迷人的气息，它们是空间装饰中富有魅力的装饰品

追溯自古埃及时代，埃及人将芦苇插入融化的牛脂肪中，这是最早的灯芯草蜡烛。不久，罗马人将草纸卷成小卷状，上面沾满融化的蜡并在阳光下晒干，这是现在的蜡烛原型。

蜡烛历史中有很长久的时间是使用动物油脂制造，人们采集牛羊或鲸鱼身上的脂肪，凝结后制成蜡烛。这种蜡烛有个缺点，因为使用灯芯草或吸油绳浸泡在动物油脂中制成，燃烧后会产生恶臭，也会释放浓密的黑烟，对于人体的呼吸非常有害。

后来蜂蜡出现，这是蜜蜂在筑巢时所分泌的蜡状物质，可以直接用来制作蜡烛。蜂蜡的品质很好，不但燃烧时间长，燃烧过程中还会散发香甜的蜂蜜香气，因此在早期是极为奢侈的一种蜡烛，为富有阶级、宫廷以及教堂专属使用。

法国人在蜡烛的发明过程中，扮演着重要角色。早在公元15世纪时，他们已经发明制作蜡烛的模具，1825年发明了可折叠的烛芯，直到1867年法国化学家将硬脂酸物质应用在石蜡中，使得硬脂的蜡质技术获得改革性的进步。在法国人的努力下，蜡烛的品质比以前更好且便宜。

●浆果与烛台的对话风景（洒绿茶馆）

其实人们有很长一段时间都是活在烛光的世界中，直到18世纪油灯发明后，蜡烛才逐渐被油灯与汽灯所取代。

在电灯普及的今日，蜡烛的实用价值早已消失，但是它散发出来的微弱烛光、营造出来的气氛，以及透过热气熏蒸开来的香气，却为人所喜爱，因而成为居家生活的美丽家饰品。

▲品味蜡烛品牌

或许因为蜡烛在法国人居家生活中扮演着如斯重要的角色，蜡烛产业在法国也就发展得非常蓬勃。各种漂亮的、有品位的蜡烛店铺如街道上的水晶装饰一般，随处可见。

　　巴黎街头最赫赫有名的蜡烛店铺就是Diptyque的蜡烛。位于圣日尔曼街道上的这家蜡烛店铺，创立于1963年，以销售时髦与流行的蜡烛著名。你可以尽情地在此寻找到如同美妙旋律的红茶风味蜡烛，或是使人迷醉的咖啡蜡烛。爱好优雅花香调的人可以找到甜美风格的栀子花蜡烛杯，兰花的香气也很受法国人欢迎。

　　Diptyque也是法国美女凯瑟琳·德纳芙与苏菲·玛索经常光顾的蜡烛店，她们都在此找到各自钟爱的蜡烛香气，使得这个蜡烛品牌在高贵形象之外，又增添了名人加持的经典色彩。

　　除了老店的招牌蜡烛外，巴黎还有各色缤纷的家饰店将蜡烛作为布置的配件贩售。近年来流行一种巨大如柱的蜡烛，法国人很喜欢在家中摆设。这种直径约有二十厘米、高度及腰的落地式巨型蜡烛，拥有简单的几何造型外观，通常色彩鲜明美丽，像是海洋般神秘的翡翠绿，或绽放着宝石般深沉光泽的宝蓝，点燃时整间屋子都会弥漫香气，是

●花朵造型的蜡烛，经常具有形塑空间气氛的特殊魔力

热爱家饰布置的法国人所热衷的迷人居家装饰。

▲ 我的蜡烛

我非常喜欢蜡烛，觉得蜡烛应该用来展示与使用，而不是用来收藏。

小时候我总是期待着停电，为的是可以点上平常无法点的蜡烛。在昏黄烛光下，烛影洋溢着神秘气息，使人浮想联翩。看着摇曳的烛火，躲在被窝中，竟有放心与安全的感觉。

平凡的蜡烛会因为盛装的容器不同，为空间塑造新的气氛。使用一只晶莹剔透的玻璃盘放蜡烛，可以产生高雅的形象；而运用彩绘精致的烛杯来盛装蜡烛，能够为空间创造出明亮精致的气息。

布置蜡烛盘时，我喜欢将花朵放在一起布置，使用对比或相近的颜色都是好点子。无论摆放在平盘中，还是典雅的藤篮里，都能制造出悠闲典雅的气息。你会发现环绕着花朵的蜡烛，是非常优雅的室内布置用品。

蜡烛同时是意涵深远的温暖礼品，我喜欢送蜡烛给朋友，也喜欢收到蜡烛的礼物。我的好朋友曾经送给我一支咖啡香气蜡烛，那是她从巴里岛度假带回来的礼物。当感觉有一点孤独的夜晚，点上咖啡蜡烛，让深沉又温暖的咖啡香气将我重重包围，那时我就会想起我的朋友，他们带给我的温情与关爱，随着蜡烛的温暖光亮，使我远离无边无际的黑夜。

与如此浪漫又温情的生活烛品相伴，品味着，点燃着，在孤独或需要安慰的夜晚。蜡烛所营造的香气与美妙氛围，如同梦境，在美轮美奂的烛光世界中使我们忘却孤独。

书写故事的丝巾

　　物品的风行与设计的讲究，往往反映一个民族或地区对于美与优雅的重视，以及对于物品的依赖偏好。

　　世界知名的丝巾品牌都源于法国，在法国人爱美、懂美的美好天赋下逐渐发扬光大。法国女性普遍倚赖丝巾，丝巾是她们生活中不可或缺的重要装饰配件。柔软的丝巾，上面编织着细密的情感，御寒挡风又充满魅力，是最为温柔的织品杂货。

▲法国与丝巾的深厚渊源

　　从每年的9月份法国气候逐渐变冷开始，到隔年夏季来临前，这段时间都

●法国女性将丝巾系在领口上、盘旋在头顶上、飞舞在手腕上，丝巾可以使人的造型瞬间百变

●系上丝巾的手提篮，很平凡的提篮也变得多彩多姿

是法国女性佩戴丝巾的重要季节，丝巾也成为最重要的衣着配件。

春秋到冬季的法国气候干冷多风，爱美的法国女性将真丝的丝巾围在身上，由于材质轻而保暖，如此就不需要早早穿着厚外套，一样具有非常好的保暖效果。

丝巾在保暖之外，更成为一种独特又精彩的时尚配件。法国人堪称全世界最懂得将丝巾运用在着装搭配的民族，法国女性衣柜中最多的其实不是衣服，而是丝巾。

法国女性深谙丝巾的搭配之道，走在巴黎街头，观看不同女性运用丝巾穿戴出别具魅力的装扮，往往是最赏心悦目的体验。她们经常选择简单的衣着，像白衬衫或黑短衫，再运用丝巾来突显亮点。即使没有许多漂亮的衣服，依然能够透过一条丝巾的变化而瞬间改变着装风格。

丝巾传达着独特的个人品位，看一位女性如何搭配丝巾，便可以了解她的着装风格。法国女性透过丝巾的变化组合来表现自己，也因此，你很难在路上碰到撞衫的现象，因为每个人的搭配风格都是如此的与众不同。

丝巾之于法国女性，如同耳环、项链与腰带等配件一样重要，她们运用丝巾的变化性也着实令人惊喜。巴黎女性喜欢将丝巾围在头部，变成非常具有特色的头巾装饰，也有人将丝巾围绕在手臂上，甚至缠绕在手提包上，随着步伐的款摆，飞舞出亮丽的风采。

法国人爱好丝巾由来已久，从17世纪开始，他们就有在周末与假期时佩戴丝巾出门的习惯，当时这被视为非常正式与高贵的装束，而且是男女皆宜的时尚共通语言。在18世纪时，出席正式场合却没有系上丝巾的法国男性，会被认为穿着不够正式。这种佩戴丝巾的着装风格在当时的上流社会与普罗百姓之间普遍流传。

▲在丝巾上面书写故事的Hermes

知名的世界丝巾品牌Hermes、Celine、Leonard都是法国品牌，这绝非巧合。唯有拥有如斯拥护的庞大消费者，才能刺激与鼓励设计生产者，源源不断地产生精致绝妙的设计品。

法国人爱好丝巾，从着装的美感搭配出发，而今已承载了更为深厚的艺术欣赏动机。深谙女性对于丝巾的狂热，Hermes每一款丝巾都具有特色，让人忍不住想探索甚至收藏。

法国人认为丝巾宛如艺术家创作的画布。Hermes每年都会邀请艺术家投入大量的心血绘制丝巾，并固定推出不同的概念与故事创作，使得每一幅丝巾都蕴含着精彩的故事。

除了书写故事外，丝巾也经常是留驻历史镜头的纪念

● Les Triples丝巾是Hermes只在台湾限量发行的经典款，四百条限量丝巾的义卖所得，用来支持台湾清寒学童的教育费用

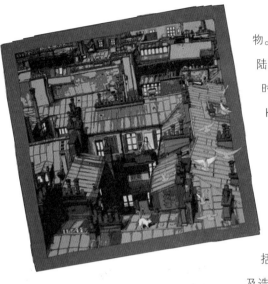

●Hermes在丝巾上，描绘夜间的巴黎屋顶风景。夜间的巴黎，是由星光、月光与窗户散发的烛光所点缀的夜晚风景

物。Hermes纪念款丝巾如哥伦布发现新大陆、法国大革命等，在每一个重要的历史时刻，邀请艺术家绘制限量丝巾，都是Hermes见证历史的美事。

Hermes丝巾的工艺制作也是值得称道的，当故事概念确定后，每一款丝巾必须经过非常严谨的七道制作程序，从设计到制作完成的过程中，包括图案定稿、图案刻画与绘制、颜色分析及造网、颜色组合、印刷着色、润饰加工、人手收边，最后则是品质检查与包装，每一款丝巾从设计到上市至少需要一年的时间。

Hermes使得购买丝巾像是买画一样的富有品位，需要高度的美学与鉴赏能力。当英镑纸钞上的伊丽莎白二世女王所系的竟然也是Hermes丝巾时，自然谁都想要拥有与女王一样的品位，不是吗？

▲挥洒风景的方寸画布

丝巾是设计师挥洒创意的画布，在方寸之间，他们将法国繁花似锦的四季风景，或瑰丽的田园美景——留在其中。观看一条小丝巾，宛如跟随着设计师的脚步，漫游于法国诸多胜景。

自产自销的法国丝巾设计工作室Leonard，以手绘水彩画风格闻名，每年都会推出令人惊艳的花色丝巾，它最为著名的是以花团锦簇的缤纷花色将丝巾设计得浪漫非凡，如同春天舞动的春色，可说是最具有法国浪漫气息的品牌丝巾。

即便在讲究私人独特品位的圣杰曼德佩街道里的小店中，也有数不清的法国设计师所精心设计的美丽丝巾，或染织或彩绘，就算在名不见经传的小店也常会发现出人意表的惊艳绝作。

◈这是Hermes描绘的白天巴黎屋顶风景。这里反映了天空的颜色，云朵的色彩，以及鸽子的身影

丝巾彩绘甚至成为重要的产业，并变成观光的一部分。懂品位的人去法国南部旅游时，可以参加主题行程，在旅途中亲身体验丝巾彩绘的乐趣，将自己制作的彩绘丝巾带回家，拥有独一无二的自制丝巾，这也是法国人才想得出来的点子。

▲把巴黎的浪漫留在领口

对于无法亲临浪漫花都一游的人，产自巴黎的各种丝巾或领巾，是最具魅力的观光纪念品。

如果没有预算购买Hermes的高贵丝巾，来巴黎旅游的人们可以到圣心堂附近的商店街选购以名画为图案的丝巾，这些丝巾沾染些许艺术风采，收到的人一定会非常高兴。

◈Leonard将丝巾作为画布，在每条丝巾上描绘出舞动的春色与寂静的秋景

丝巾是旅途中最为合适的纪念品，轻

巧又美丽，让收到丝巾礼物的人，也感同身受地融入当地风景与生活中。于是，代表巴黎印象的埃菲尔铁塔、罗浮宫，或是雷诺阿的画作早已成为巴黎纪念丝巾的最好图腾。

它也是寓意颇深的一种礼物，丝巾本身的细腻与保护本质使它与各种温情的字眼相联结，象征着温暖、友善、保护与关怀，作为传达情意与关爱的礼物，再适合不过了。

▲ 丝巾的家用装饰

在多风又冷雨的天气，一条丝巾能为身体提供保暖，此外，还发挥着非常重要的装饰作用。充分在方寸的空间中演绎着设计语言，丝巾传达着无数的艺术，也因此成为风格与个性的代表配件。

特别精致高级的丝巾，不仅适合在重要场合佩戴，更合适于展示与珍藏。最为高级的丝巾，一如Hermes，每条丝巾都描绘着如梦似幻的精致彩绘图案，令人爱不释手，有的欧洲设计师干脆把它悬挂在墙壁上，成为居家空间的美丽风景。

而今，许多高品位的欧洲设计爱好者，懂得在古董市场里找寻具有时代感的品牌丝巾。做什么用呢？如同先前所说，用来展示，悬挂在墙壁上。更有意思的是，将丝巾缝制成双面抱枕，甚至有人将多条风格相近的古董丝巾缝制成一大面布帘，成为触感光滑、具有品位的居家门帘。简单一点的应用法，则是将丝巾以鹅卵石固定在窗沿，让丝巾自然垂坠，具备良好透光特质的古董丝巾，是最漂亮的高贵窗帘。

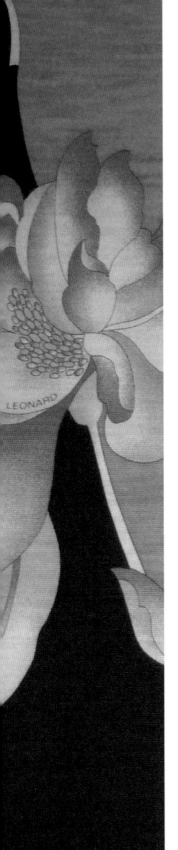

●各个季节的花朵，都是Leonard创作的题材，每一条丝巾都有不同风格的花之风景

这种经历过时代与岁月的品牌丝巾，应用在居家布置中，往往更能彰显丝巾品质的火候，使用过的触感反而更具有历史印记，能带给居家独特与个性的氛围，这是欧美人喜欢的古典品位。

▲收藏丝巾

收藏丝巾如同收藏邮票一样，沉溺下去后便永远没有尽头。开始总是为了搭配衣服，从基本款的花色开始搜购，然后进阶到缤纷的、华丽的、素简的各种风格，最后则会爱好具有故事与传奇的纪念性丝巾。

我大多数的丝巾都是旅行中购买的。不同材质的丝巾，反映着不同民族的文化。印着意大利西西里岛地图的水蓝丝巾，搭配米白毛衣能表现洒脱的气质；印度的抽纱印染丝巾，渐层的染色布上弥漫着迷离的异国情调；购自纽约的黑底红玫瑰印花的长丝巾，系在黑色套装上最为优雅。

我也经常收到丝巾礼物。无论是春天风格的小碎花方丝巾，还是毕加索抽象画一般风格的前卫大方巾，以及Hermes的粉蓝经典丝巾，这些丝巾的纹理中织满了朋友给我的祝福。

每一条丝巾都有自己的故事，选购地点的风景，或馈赠友人的表情都一一浮现在记忆里。系上丝巾的感觉就如同插上满载关怀之翼，即使在风中独行，也不至于感觉寒冷。

收藏梦想的笔记本

当书写渐渐被电脑所取代，文本的香气慢慢被数位内容所淹没时，爱好文化的法国人，依然钟情于书写的价值，他们认同书写与阅读的重要性，也因此对于书写的媒介——笔记本有相当的坚持。

对于注重艺术的法国人来说，即使是寻常如笔记本的物品，也拥有极为浓厚的设计美学与文化含量。笔记本记录的是人类思想的浓度，透过法国人所钟爱的笔记本，我们得以一窥文化大国是如何记录着活跃又有创意的思维。

▲法国悠久笔记本

打开法国学生常用的笔记本，你会惊讶于它优越的纸张品质，细致的触感、薄而柔软的纸张，纤维密度高而容易擦拭。因为法国学生书包里放的不是普通笔记本，那是从16世纪创立的文具老牌Clairefontaine所生产的高品质笔记本。

●Clairefontaine笔记本，有细滑触感的纸张，令书写成为愉快的经验

原本是造纸厂的Clairefontaine，几个世纪以来以生产高品质的纸张闻名。它是法国第一个学校文具的品牌，而引人注目的原因自然是运用自产的高品质纸张制造优质的笔记本。

为什么学校专用的笔记本也要如此重视纸张品质呢？这要回归到法国人

对于书写练习教育的重视。法国学生在开始练习书写时，都要使用钢笔，无论是幼儿园阶段还是大学生，钢笔是最为重要的书写工具。因此，只有使用最优质的纸张才能展现墨水钢笔的特性。特别细致与光滑质地的纸张，能让人在书写时有流畅与上手的感受。

　　一般厂牌的笔记本，充其量不过在笔记本的样式与外观上力求造型变化。然而Clairefontaine却从根本的纸张质地中寻求精良与完美。每一张纸都经过特别的打磨处理，因此拥有非常光滑细致的触感，学生们可以感受到Clairefontaine是墨水钢笔的最佳良伴。纸张的好坏关乎书写的流畅感，对于从幼儿园就开始练习书写的学童来说，如何提供给他们良好的书写纸本，创造一种舒适愉悦的书写感受，这是法国人特别在意的细节。

●Clairefontaine笔记本

　　让学生从小就能使用好品质的纸张来学习书写，从中了解并享受书写的愉快，长大之后，他们自然不会厌倦写字这件事情。学习的美好，不就是如此吗？法国人从学习的美好体验着手，从触感与质地的品位要求让孩子领略书写

●Moleskine笔记本世界，找到各种规格、形式与大小的笔记本(Page One)

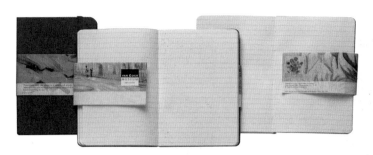

●Moleskine笔记本(Page One)

的愉快感受。Clairefontaine笔记本伴随着法国人的童年时代与青年时期，它们是法国学生书包中最不可或缺的笔记本。

▲凡·高使用的传奇笔记本

过去两个世纪中，欧洲的艺术家与思想家们最爱使用的笔记本品牌就是Moleskine。

Moleskine笔记本是历代文豪与艺术家的创作缩影，翻开一页页笔记本，仿佛能够与诸多大师的书写姿态相遇。植物学家们在Moleskine笔记本上记录着大自然的观察与标本的新发现；哲学家们在Moleskine上记载着思想发展的轨迹，以及自我推论的历程；文学泰斗们在笔记本上书写创作的灵感。

它也是凡·高与毕加索爱用的笔记本。凡·高曾经说过，"我的速写笔记本上展示着我总是以行动来抓住事物"，那笔记本上狂野的、鲜明的线条与构图，就是最好的生命见证。海明威则在Moleskine上记录行旅与狩猎生涯中的点滴趣闻。

艺术家们的笔记本有时甚至比其作品本身更具传奇与吸引力，当人们已然熟悉大师的著作时，会更想了解其创作历程，以及一幅画或一本书究竟是如何诞生的。也因此，已故艺术家的笔记本往往成为市场上的抢手货，透过这些已

故作者的历史笔记本，人们仿佛走入他们的内心世界，进而理解他们的思维，感受他们的快乐与苦恼。笔记本真是神奇又具有魅力的媒介啊！

Moleskine笔记本盛载着艺术家与文豪们的情感，他们在笔记本里抒发着过人的精力，使得它在悠悠岁月中形成不朽的传奇。不同的规格与内页设计，对于形塑思维历程也有不同的帮助。当传奇著作与旷世发明，甚至是天才般的画作公之于世之前，他们酝酿的点子、心思、创意以及飞天的灵感，甚至是与创作相关的故事点滴，都被留在了Moleskine笔记本中。

Moleskine笔记本非常轻巧，规格如长方如正方，大小正好可以放入大衣口袋中，若带着它去旅行是非常适合的。从内页的多元规划，可以看出Moleskine

● Moleskine是艺术家最喜爱的涂鸦笔记本（Page One）

● 西班牙制的笔记本，有漂亮的外皮设计，以及细致的细格内页，是我做计划的最爱

笔记本为各种艺术工作者在进行记录时的贴心考量。

它的内页有多种选择，有横线、细格线以及完全空白的规格；为图像设计或广告工作者所设计的一种分格空白页的笔记本，像是分镜图切分的内页规格；专门作曲用的五线谱空白笔记本；以特殊纸张装订的水彩速写笔记本。另外也有为新闻记者设计的上翻式格线与空白笔记本。由于它是如此好用，一位英国作家前往澳洲定居时，还曾经搜购上百本Moleskine笔记本，以备在异乡使用。

Moleskine由一名法国书籍装帧商人所发明，当时他经常供应自家装订的纸张与笔记本给波西米亚的文具店铺。然而到了1986年，Moleskine曾宣告歇业。一直到1998年，米兰的出版商再度买下Moleskine的经营权，此后，沉寂多年的Moleskine笔记本又再度活跃在世界舞台上，以创作者的笔记本之姿，重新在世界旅行，为更多艺术与文字工作者服务。

▲笔记本透露性格

我有写笔记的习惯，与其说是日记，更确切地说是随时记录的习惯。生活中的灵感、设计的想法、人生的规划，任何东西在脑子里开始有点雏形时，我都会马上记录在笔记本中。

尽管PDA越来越流行，我对于以笔来进行文字记录依然有着眷恋。笔记本对我来说具有一种特殊的意义。

我的笔记本类型也有不同的历程演进。从笔记本的形式与风格挑选的演变，反映某个阶段的工作形态与生活方式。冒险的笔记本，里面书写着到各地旅行的记录；专为美容准备的笔记本，密密麻麻记录着使人变美的秘方；空白笔记本是我画设计图的不二选择；有线圈往上翻页的横线笔记本则是我外出采访取材的最爱。

早期习惯使用瑰丽的进口笔记本，总在旅行时一口气多买许多。外皮是漂亮的印花布皮，打开来的扉页有着横线，纸质呈现米黄色，拿起来特别轻巧。漂亮外皮的笔记本会用上瘾，因为任何时间拿出来书写，都能激起我的愉悦心情。

◎在纽约Barns & Noble书店买的绒布面笔记本与心造型笔记本

◎许多人喜欢在Moleskine笔记本上书写生活影像笔记(Page One)

当我越来越远离上班族的生活，转成以文字与造型设计的工作为主时，瑰丽外皮有着横线内页的笔记本，也越来越无法符合我的需求。书写的内文，从大量的文字记载，转变到文与图像并存的记录方式，于是我更为渴求那种内页全部空白的笔记本，慢慢地便喜欢上像无印良品那样朴实的笔记本。

●我用来画图的空白内页笔记本，至今已堆积数十本了

●远赴北京时，母亲送的小牛皮笔记本，让我在异地记录之用

▲治疗心情的笔记本

我总是在旅行过程中购买大量的笔记本，一次购足不同的风格就可以使用很久。我的Moleskine笔记本购自巴黎蒙马特山丘一家文具店，细格纹的内页，深紫色硬壳外皮，要画图或书写都很便利。放在公事包里也很轻便，若要随时做记录时，就收放在大衣口袋中，一点都不会造成携带上的负担。

笔记本也是治疗心情低潮的药物。摊开过去所书写的笔记本，一本本铺放在地板上，艳丽的外皮色彩，生动的图案造型，总是慰藉着我的心情。翻阅着那些过去时光中所累积的心情记录、恋爱的烦恼记事、工作的压力抒发、未来的规划蓝图，在文字与图形中旅行着，不知不觉治疗着我的忧伤。

笔记本反映一个人的生活浓度，无论过得黯淡还是精彩，上面书写的字，总能记录当时的生活状态。笔记本已经陪伴我走了很长一段时间，将来，我也会与钟爱的笔记本一直继续走下去。

玻璃器皿的魅力

玻璃是具清澈透明感的人气杂货，以无比的创意与清透质地，舒爽着我们的生活。

诸多玻璃杂货中，我尤其推荐法国的玻璃器皿。尽管威尼斯的玻璃如梦幻般绚丽美妙，十足具有观赏价值，我心目中的法国玻璃杂货却如实地走入生活，一方面以绝佳的设计机能装盛着民生用品，另一方面则在外观设计力求创意变化。

法国有高级如珠宝般的香水与美酒，与它们相称的是能衬托液体奢华风格的高雅玻璃器皿，此外更有数不清的美丽家用玻璃器皿。无论高级精品还是日用品，法国玻璃在美丽中具有高度实用价值，是时光更迭下永远不会褪色的生活杂货。

▲ 法国玻璃小简史

玻璃在人类社会发展超过五千年历史，早在古埃及时代就已经有玻璃器皿的制造记录。在漫长历史中，玻璃都是非常昂贵与奢侈的阶级用品，为贵族所专属，一直到18世纪工业革命后，玻璃才逐渐普及，成为日常生活的平民用品。其中，闪闪发亮的法国玻璃器皿折射着岁月痕迹，在漫长的发展史上，法国玻璃工匠与设计师

● 葡萄酒瓶与香水瓶，都是盛装法国人重要生命液体的玻璃容器

们的努力，让它奠定了傲人的成绩。

　　法国玻璃之所以能有革命性的发展，相信与其国内三种重要的民生产业需求有很大的关联性：香水、葡萄酒与矿泉水。这三种液体，如同法国人的血液一样重要，所以他们比其他民族更为关切玻璃工艺的发展与技术研发。因为玻璃瓶中盛装的是法国人钟爱的葡萄酒、香水与矿泉水。

　　内容往往决定形式的发展，当香水与葡萄酒的品质发展到达一定水准时，量产与更高品质包装的需求也就应运而生。无论是更为透明清澈的玻璃品质需求，还是更为轻巧便宜的成本考量，都促使玻璃工业必须往前迈进，以因应更高的商业需求。

　　法国香水业的发达与工业革命对于玻璃量产的开发具有绝大的关联性，因为玻璃与水晶是制造香水瓶的主要原料。17世纪开始，钾、石灰石被应用在玻璃原料中，使得玻璃大量生产成为可能；18世纪末期，许多工厂开始使用吹玻璃或切割玻璃来制作香水瓶，因为如此，香水瓶的量产成为可能，香水开始普及，香水产业遂一跃而起。

　　相同的道理，法国直到18世纪才开始运用玻璃瓶装盛葡萄酒，在此之前所有葡萄酒都是装在橡木桶中。1728年后第一支玻璃瓶装的葡萄酒上市，自此葡萄酒也走向量产与现代化生产之路。

▲装香水的浪漫玻璃瓶

从古到今，法国的玻璃工匠与设计师在造型上力求变化与完美，在功能上力求实用，而制造出来的玻璃器皿，具有纤细的线条与和谐的色彩，细致的透光效果，散发着十分柔和的风味。这就是爱美的法国人创造出来的玻璃工艺。

如果你对于古董玻璃略有研究，一定可以在其中找到属于法国人所设计的经典香水瓶罐。他们以纤细的线条与色彩，将创意注入香水瓶身，每一只玻璃古典香水瓶都像是落入凡间的精灵一样，惹人怜爱。

过去的器物历史发展中，总是先寻求物品量产到可以满足大多数人需求，尔后在物品普及后，才有余暇在造型与外观上寻求更为变化与创意的艺术表现。然而，法国玻璃艺术的发展从一开始就与商业紧密地绑在一起，商业需求以及爱好美感的双重天分，促使法国人创造出好用又美观的玻璃品质。从珠宝设计大师Lalique投身于创造玻璃香水瓶的经历，可以窥得法国人将美感与商业结合的杰出能力。

珠宝设计师René Lalique原本专精于水晶珠宝饰品的设计，擅长运用水晶的晶莹剔透感来表现大自然虫鱼花鸟的生动样态，以精湛技艺在晶莹通透的水晶上雕刻各种细致图案，展现一贯华丽又内敛的风格，是Lalique水晶珠宝最为人赞叹之处。

那么享有盛名的珠宝大师为何会投身开发大众用的香水瓶呢？当时知名的香水制造商Coty认为香水的高级定位必须先从包装做起，如何让具有奢华本质的香水给人高级的价值感，包装瓶就显得非常重要。于是他找到专门设计珠宝的Lalique，邀请他设计出如同珠宝般梦幻高雅的香水瓶罐。这两者的结合，使

●Baccarat一千零一
夜香槟杯子

得香水变得更为普及与容易保存。也因为Lalique本身的珠宝
设计天分，为法国香水瓶注入深度的艺术气质，在20世纪初
创造出许多手工细致与高雅的美丽香水瓶。

至今，Lalique为Coty所设计的纤细香水瓶，因为散发着纤
细的美感与穿越时间的品位，始终都是古董市场中相当受欢迎
的人气古董杂货呢！

●Baccarat最经典的酒
器——哈寇特高脚杯

▲干邑白兰地的酒瓶设计——BACCARAT

走一趟法国古典杂货市场，不难发现各个时代充满着
梦幻的玻璃瓶罐，以各种丰富又优雅的姿态展现在眼前。其
中，非量产时代所制造的玻璃酒瓶，因为拥有漂亮的曲线，
在古董市场中更受到注目。

在葡萄酒瓶量产之前，玻璃工厂早已开始制造手工精
致、价格高昂的酒瓶，这种少量生产且高度精致的限量玻
璃器皿，价格昂贵且只供应给少数阶级。早期以精雕细琢
的技术制造的华丽玻璃酒瓶罐，主要供贵族王室使用。由
于葡萄酒都存放在橡木桶里，等到要饮用时，直接将葡萄
酒取出倒入美丽的玻璃瓶罐，当时的酒瓶扮演着类似今日
醒酒瓶的角色。

●Baccarat240周年纪念骑士酒器

早期的酒瓶大多是透明玻璃材质，主要能呈现葡萄酒的
美丽色泽，上面附有一只酒栓，对于装盛挥发性的酒类特别
合适。

●Baccarat深邃酒杯组

提到早期玻璃酒瓶的制造始祖，就要提到今天以水晶闻名的法国品牌Baccarat。Baccarat位于法国东部的小镇，它在发迹时便致力于水晶香水瓶的制造。它所生产的水晶香水瓶罐非常优美精巧，具有一种特别的灵气，几乎一流香水厂的瓶罐都由Baccarat设计制作。

●Baccarat——由菲利普·斯塔克设计的"完美高脚杯"

尔后Baccarat开始应王公贵族之邀，生产各种酒器、花器等高级玻璃生活器皿。Baccarat的工匠总能以鬼斧神工的技术，在非常薄的水晶上雕刻出层次有致的纹饰图案。Baccarat创造的玻璃酒瓶具有华丽花纹，并散发着清澈透明的感觉。它在历史上所创作的精美酒瓶，因为赏心悦目且运用手工的精雕细琢，价值备显不凡，目前也都是古董市场中最为热销的古董玻璃器皿。

直到18世纪，玻璃工业的量产促使市场产出现今划一规格的葡萄酒瓶罐。而Baccarat精致卓越的工艺却没有因为量产时代的来临而被人遗忘，经典干邑白兰地的绿色酒瓶就是由Baccarat所设计打造。在大量生产的现代，寻求更为精致与优雅的创作无疑是Baccarat永续打造水晶玻璃器皿的经营之道。

▲法国的家用玻璃品牌

如果你以为玻璃只能以高雅精致的形态游走在奢侈品中，属于吸引目光的精品，那么不妨看看平常法国人家居生活中的玻璃器皿，你将会诧异于法式品位的多

●清透、优美又畅快的Luminarc茶杯

变与弹性！

　　法国人的美感总能游走在最高级品位与大众品位之间，在不同层次的品项中绽放出惊人魅力。平凡中散发光彩的日用玻璃，运用清澈透明的玻璃与美丽色彩制作出来的器皿，是最有魅力的玻璃生活杂货。

　　Luminarc是法国家用玻璃的知名品牌，隶属于法国玻璃器皿公司ARC旗下，Luminarc把居家使用的水杯、酒杯、盘子、大沙拉碗、收纳罐、花器通通囊括在玻璃器皿的设计下。没有太多的装饰与雕琢，简洁有力的线条与美观大方的造型，这就是Luminarc一贯的风格，运用想象将用品贴近生活，同时又注入无限的美感。

● 色彩缤纷、柔和的法国
Luminarc餐具，以大方美丽的
设计、平实的价格，走入每个
法国人的生活

　　红色的器皿、绿色的玻璃餐具、淡粉红色的柔和玻璃器皿，每一款看起来都是那么令人快乐，运用它们来盛装各种食物，无论是冰激凌还是沙拉，一定能激起可口开胃的感觉。玻璃也可以如此大众化，这是法国玻璃所创造的生活品位。

▲我的玻璃器皿

夏天来临时，我会制作很多薄荷冰茶，装在晶莹剔透的玻璃杯中的冰茶，为炎热的夏季空间营造出清凉又亮丽的视觉效果，使心情为之降温。

我很喜欢收集各种玻璃瓶子，尤其国外漂亮的果汁瓶，尝试运用各种玻璃果汁瓶、啤酒瓶还有各种果酱玻璃瓶来布置居家。这些果汁瓶本身就具有不错的设计与美丽的色泽，将它们洗干净，晾干后插入花朵或绿叶，或什么都不放，摆放一排在空间中，往往凝结出清新的画面。像矿泉水瓶的宝蓝色便是空间中绝佳的降温色彩，还有各种深绿色的葡萄酒瓶也是很好的降温道具，这些空瓶子摆放在空间中，本身就是一道漂亮的风景。

把玩着玻璃杂货，它们具有透明感的特性，以及微妙的形状，散发着迷人魅力。玻璃杂货让我们的生活更为明亮，连呼吸的感觉也变得不同了。放眼望去，家中视线所及之处，经常可见各种剔透的美丽玻璃器皿，每天生活其中的心情，也会因为玻璃器皿所绽放的光彩而变得焕然一新。

◉令人获得快乐感受的Luminarc玻璃餐具，给人十足的开胃效果

◉夏日湛蓝的Luminarc水杯

花草茶的时光

花草茶饮在德国人眼中，不仅仅是茶饮，它代表的
更是一种遵循健康的态度，也是环保观念的彻底实
践。

德国的经典厨房刀具

德国人不喜好装饰风格，所以厨房用具表面上看起
来刻板，但这种严谨，却是造就好品质、让人愿意
一用再用的踏实精神使然。

干杯！德国啤酒

啤酒在德国有一千多年的历史，自从中世纪以来，
德国修道院酿造啤酒开始，德国人已经将啤酒发展
成精彩的文化。

购物袋的品位

重视环保的德国人，平日出门有自备布制购物袋的
习惯，如同每天都要进行环保分类一样，是他们生
活中不可或缺的一部分。

花草茶的时光

来自大自然的天然风杂货，没有人为加工与制作痕迹，本身就是一种令人愉快的生活杂货。特别是药草茶饮，经过长时间淬炼，以其温柔和煦的温度，滋润着人们每天的生活。

崇尚自然的德国人，在日常生活中普遍使用着花草与药草，它们不但是舒缓的天然药物，也是富有历史与深度知识的杂货，承载着漫长岁月中人类研究的精华，以独特的香气与疗效，释放出沁人气味。

从德国人不可或缺的花草茶饮出发，可以找到他们生命深层的灵气与令人感动的生活触觉。

●洋甘菊花草茶

▲德国人生活与花草茶

深受德国人喜爱的药草与花草茶饮，撷取大自然最天然的部分，将可食用植物的根部、茎部、花、叶、树皮等采摘下来后，直接冲泡或干燥饮用，这种植物茶饮被广泛运用在医疗与生活中。

德国人的生活与花草茶饮紧密相连，一般人可以很容易在超市、药房或有机日用品店买到各种药草与花草茶。任何一个店铺都有繁复多元的种类与品牌，让人仿佛置

●玫瑰果花草茶

●使人记忆焕然一新的迷迭香香草

●舒缓情绪、帮助睡眠的新鲜薄荷

身于百草天堂。

　　花草茶饮在德国人眼中，不仅仅是茶饮，它代表的更是一种遵循健康的态度，也是环保观念的彻底实践。举凡生活中的小病痛，心情不适，消化不良，感冒或胀气时，务实的德国人都会在花草茶饮中找到舒缓治疗之方。

　　随便一个德国人家里的橱柜，或多或少都能找到几样常备的花草茶。其中最被广泛使用的就是洋甘菊茶、茴香茶与鼠尾草茶。鼠尾草茶非常好用，对于消化不良、腹泻，或轻微的肠胃炎都有疗效，可说是肠胃的常备药茶；茴香茶则具有优越的杀菌能力，能缓和呼吸道发炎或帮助杀除肠胃中的细菌。

　　但他们最常使用的还是洋甘菊茶饮。这种温和质地的花草茶，散发着甜美香气，嗅吸洋甘菊的气息，能减轻心理压力与负担，是一种能带给人极好放松效果的花草。德国当地的美容沙龙也经常冲泡洋甘菊茶招待客人，使客人在进行美容前能放松身心。此外，洋甘菊也是治疗感冒、预防病毒感染的佳品。

▲德国人的花草情缘

起源于中古欧洲的花草茶饮，为德国人所研究与发扬，今天德国人的生活与药草密不可分，这或许与历史上他们对于药草的研究发展具有推波助澜的影响有着深厚关联。

天性爱好环保与自然的德国人，从骨子里喜好忠于原味的各种有机物品。今天，德国境内光是草药产量就占下全球半数的市场占有率，对于草药的知识与学问更是在世界上扮演着领导的火车头角色。

欧洲的草药起源与宗教有着密切关联，早在公元527年意大利南部的修道院中，修士的职责之一就是照顾病患，当时他们采撷野生的草药作为治疗使用，这便是欧洲最早运用草药医治疾病的起源。德国人对于药草的兴趣也起源得很早，有"药草宝库"美誉的黑森林孕育了茂密的天然药草，在古老的年代里，德国人已经懂得从黑森林中撷取天然药草，作为生活治疗、药方与茶饮。公元812年，德国安恒市一位名叫Aachen的人出版了一本草药治病的书籍，书中详细记录了当时修道院与皇室宫廷运用草药治病的各种疗方。

尽管工业革命为德国带来化学制药的技术，量产的化学制药越来越普及，但是污染问题也越来越严重。许多德国人开始追溯运用天然药草治病的无污染方式，于是各种草药泡浴、草药蒸汽浴或草药茶饮的温和治疗方式，通过他们的推广，慢慢受到重视。

这些前人的努力，促使德国大型制药厂也投身于天然药草的药效研究，尔后植物性用药也在德国的医疗体系中获得长足的发展，花草与药草茶饮更走入寻常百姓生活中，成为普及的药方。

●Pompadour的薄荷茶

▲花草茶小历史

花草茶拥有非常古老的历史，早在五千年前居住在幼发拉底河流域的苏美尔人，就已经有使用花草茶饮的记录了。据说当时最早使用的药草种类是茴香与百香果。后来在埃及、中国与印度等地，都发现四千多年前的花草茶遗迹，人们从出土文物里，找到了月桂叶、薄荷与百里香等香草叶片。

甚至发现古巴比伦的黏土板上，记录了上百种花草茶名与药效。古希腊、罗马的文明，是一部充满着花草茶香气的文明，当时人们大量运用花草与香料来治病与彰显身份，因而产生了为数众多、记载着花草茶知识的花草茶志。

11世纪时，随着罗马帝国的扩张，花草茶传到了欧洲。当时花草茶的用法，大多经由代代相传的口语传授，以及民间的文字记录保存下来。到了中世纪，修道院修士们将公元前古希腊人所撰写的花草茶志翻译成为拉丁文，写在羊皮卷上，作为医病的用药参考。到了15世纪印刷术普及后，相关花草茶志的印刷也就更为普及。

十六七世纪时，西方与中国一改过往口耳相传的传播方式，以严谨的态度研究花草茶饮，通过观察与描绘花草植物的科学分析，慢慢去除花草茶中传说与迷信的部分，在东西方共同努力下，花草茶成为经得起科学分析的医药。

于是，我们发现花草茶这种天然的药用植物，在漫长的历史中演化，从人们的探索与好奇，到亲身试用与流传，甚至融入了迷信与神秘的色彩；尔后透过理性的验证，找到了符合科学分析的实际用法。无论是神秘主义引领的时代，还是科学验证的现代，花草茶保护着人们的角色，从古到今都是相同的。

▲中国的风雅花草茶

中国人饮用花草茶的历史久远，不同花草拥有不同疗效，若说德国人的花草茶饮以治疗为重，那么中国人则是以养生怡情与调补为要。中国人顺应节气变迁，调整合适的花草茶饮，以符合身体的需求。

●充满迷人香气，令人迷醉的花草茶世界

中国人春天饮用花茶，一来借此应景，杯中的缤纷花瓣能够呼应繁花似锦的春天景象；二来则具有滋补疗效。花茶蕴含着浓郁香气，可以帮助驱散体内寒气，防止身体过寒。

加入香草的冰饮，则是盛夏的佳酿。在甘甜冰凉的红茶里融入大量的薄荷，散发出冰凉的香气，薄荷茶可以让清爽的气息从身体深处慢慢扩散开来。在茶中添加薄荷冲泡，不仅清凉去热，还有排毒作用，是最好的消暑花草茶饮。

中国人认为适合在秋天品味的花草茶，非桂花茶莫属。将茶叶运用桂花糖与桂花花瓣不断地烘焙而成，酿制出淡雅清甜的桂花茶叶，品尝几口，就能使人忘却许多烦忧。更风雅的喝法则是将晒干的桂花花瓣直接加入茶叶中，花香

浸泡在茶汤里，遇热后瞬间散发扑鼻的甜蜜香气。桂花茶饮不仅味美，在秋天品尝桂花茶，还有助于驱除体内的寒气与湿气。

在寒冷的冬天不妨品尝暖意十足的玫瑰茶饮，添加些蜂蜜，即有祛寒与挡风的效果。而蒲公英花茶则能预防感冒与治疗风寒，是一款疗效多元的民间用药。

▲ 我的花草茶

我喜爱的花草茶为德国品牌Pompadour所产的Sweet Kiss，融合玫瑰果、樱桃、黑莓与洛神花的Sweet Kiss含有丰富的维生素C，能消除疲劳，很适合夏日夜晚饮用。

● Pompadour的Sweet Kiss茶

Milford的黑莓茶则有释放压力的疗效，特别是在大量用脑之后，脑部出现缺氧与真空状态时，一杯黑莓茶能帮助释放压力，脑部能量也得以恢复。这两种花草茶饮，都是陪伴我工作与舒缓情绪的杂货良品。

● Milford的黑莓茶

从遥远的时代一直到今天，来自大自然的芳香药草一直陪伴在我们身边，仿佛是一缕从远方吹来的香气，温和且无所不在地影响着每一天。尽管医学发达，科技日新月异，但是花草茶饮的奇妙力量，依然在我们的生活中散发着深远的影响。它具有一种难以言论的温暖，给我们自在且舒缓的心灵安慰，这是花草茶饮最为微妙的力量。

德国的经典厨房刀具

有时，一个地区的好用杂货，是受到民族性的精神与性格影响，逐渐在历史发展中形成的。这种对于物品的美感、品质的耐用或设计的坚持，会产生一种原则，锻炼着逐渐成形的杂货，让它在岁月中呈现经典耐用的特质。

德国人生产的刀具与厨房用具，不仅德国人乐于使用，久而久之那实用的好口碑也远播世界，吸引各国爱用者前来朝圣，这是低调德国杂货的迷人魅力。

Ganz schön scharf.

◎WMF的刀具组合

▲务实的德国生活用品

德国人的厨房有林林总总的刀具，切肉的刀、切面包的刀，还有切起司的刀，甚至削芦笋、切马铃薯片、切蛋的器具等等，都有各自精细的分工。这些刀子在德国人生活中扮演着重要角色，在厨房中拥有不同的烹调用途，简约与踏实的功能设计，不以美观取胜，却成为长久使用的生活良品。

承继着德国人务实的性格，他们所生产的各种用品，经常给人不绚丽却好用、不华美却耐用的印象，这像极了德国人的个性，讲求务实与细

◎双立人牌单柄炖锅

节，或许与他人的关系一开始不热络，但若能经营下去，总能长长久久，成为一辈子的莫逆之交。

与那些外表华丽却不好用的国际设计品牌相比，德国人的产品相对来说内敛多了。他们不喜好装饰风格，所以厨房用品与刀具在表面上看起来有些刻板，但这种严谨，却是造就好品质、让人愿意一用再用的踏实精神使然。于是，我们看见WMF、双立人、Fissler等刀具与锅具品牌，在漫长时光的淘炼下，形成经典又耐用的生活品牌。

德国人实事求是的精神表现在很多方面，比如他们在做菜时非常讲求精确性，多少汤匙、多少量杯、多少小匙一定会标清楚，绝对不会有少许、适量这种用语出现在烹调手册里。生活中经常可见许多地方都有时钟，这是用来提醒准时的重要性；而各种杯具与瓶子上经常有刻度，这种对于量的精准要求，充分反映着德国人精确严谨的人生态度。

不妨拿德国有名的黑麦面包来比喻德国人设计的东西，它的外观并不见得特别美，但考究在其中的是质地、材料、功能性以及工艺的精湛，如同黑面包总能在慢慢咀嚼的过程中，嚼出面包的香甜气息与真实风味，踏实的德国用具也是如此。

▲钢铁般的意志与杂货

这种钢铁意志的民族性使然，贯彻在生活与各种产业上，展现的是一种无与伦比的品质追求。把每件事情做到最好，坚持最完美的标杆，务求将品质生产制成检测流程，传递下去，如此才有承传了百年，却依然不会褪色的德国品牌。

●我家常用来处理肉材的双立人牌切肉刀，看到这把刀，就能令人联想到多汁的烤鸡、肥嫩的蹄髈……

德国人这种民族性，展现在不锈钢产品的设计研发上，也是同等的优越。我想，这是因为此种特殊材质，能很好地吻合德国人对于实际与美观的天性。无论是创造完美焖煮品质的Fissler高压锅，线条简约流畅的WMF不锈钢锅具，还是简单好用的多功能双立人牌刀具，它们比一般餐具更具有耐腐蚀与耐用的特点。因为不锈钢中含有铬元素，会让不锈钢产品的表面产生一层肉眼看不见的薄膜，因而能够避免水汽与空气的污染，甚至是酸碱物质的侵袭或溶蚀。

不锈钢材质的寿命相当长久，对于讲求实际与节约的德国人来说，使用一套上好的不锈钢厨房用具，以成本考量看来，依然是划算的。

德国人的不锈钢用品也可以兼顾美观，在表面进行抛光处理后，自然展现出闪闪发亮的光泽。因此不需要在锅具或刀具外层再镀上一层亮膜或烤漆，就可以拥有光亮与高贵的外形。而不锈钢的材质也能依照用途，变化成不同的造型，弯曲、圆弧、线状或板状，只要在造型上力求简约大方，以此原则生产出来的不锈钢刀具，往往具有穿越时空的经典特质，可以使用很久也不褪流行。

▲德国钢铁小镇的传奇

说起德国生产的优越不锈钢产品，就一定要提到位于德国贝尔吉施山区的索林根小城。这是一座出产不锈钢原料的小城，德国大部分不锈钢产品，都是产自这里的不锈钢原料，因此德制的不锈钢物品可说是道地的产物。

● 双立人牌削皮刀

为什么索林根是个不锈钢小城呢？这中间有个小故事：在数百年前，有一位格拉将军来到索林根隐居，拥有着制造刀剑技术的他，有天发现山区附近藏有铬、锰、镍等金属矿产，于是便在制造刀剑的过程中，将发现的金属加入试炼。这些金属便是锻造不锈钢的主要物质。因为将军的发现，开启了索林根的制钢产业，先将不锈钢打造好，然后工匠便开始磨制各种刀具，完成后就将各种刀剑、剪刀与小刀等送往欧洲各地销售。

●WMF不锈钢刀座（五把刀）

早在古老的时代，德语"索林根制造"就成为品质的象征。在索林根小城中，到处是不锈钢制成的公共雕塑艺术，地上的步道则镶嵌着不锈钢小刀；环绕在以不锈钢打造的环境中，成为一种独特的逸趣。在这个不锈钢小城中，可以找到至少一百种不锈钢材料，其中生产不锈钢产品的工厂约有一千五百家。每一户制钢具的索林根人都保有一本《锻钢手册》，不仅记载着锻造的各种标准，打造钢具的程序，同时也将自家传统锻造不锈钢具的手艺完好地保存与流传下去。

索林根钢铁小城的传奇，对于德国不锈钢用品之所以受到尊敬与拥护，做了更为深刻的注解。

▲我的刀具

西洋料理的厨师总有许多刀具，随便一位德国厨师的刀具包里，可以摊开一排达二十六把之多的刀具，各种造型、大小与厚度一应俱全，是个非常壮观的刀具世界。

可能我的个头不高，力气也不顶大，所以喜欢挑选轻便好用的刀具。品牌对我来说，并非那么重要。因为看过太多名牌刀具其实比较适合大厨，而对于一般烹小鲜的平民来说，它们略嫌沉重。

有时我认为西方人用的刀子真的太多了，真正适合中式料理的只需要三把好刀子就够了。真正好用的刀子确实如此，又薄又轻。处理肉类或片或丝都能上手，对我来说，这就是一把好刀。刀具本来就是为了人而设计的，如果一味追求品牌，不迁就自己的体型与力气，且不能让自己感到好用的刀具，其实宛如废铁一样，还不如平价而好用的刀具。

即使只是刀具与厨房用品，德国人也有诸多坚持，然而这让我见识到小物品背后的民族力量，以及专业的坚持。观察一把德国刀具，它高贵的岂止是价格，更为触动人心的是那刀具背后贯穿整个民族的价值与信念，让平凡如生活的小刀具，也能展现闪闪发光的特质，因而让世界歌颂。

◎双立人牌双耳深汤锅，所有的高汤、炖煮食物……都是从这里诞生

◎WMF压力锅

干杯！德国啤酒

由日常生活中不可或缺的饮品出发，无论瓶装还是罐装的啤酒的酿造过程，都可以发现浓厚的人文风情与特色，让寻常饮品成为饶富故事的生活杂货。德国的啤酒就是这样一种具有人文风味的饮食杂货。

▲ 德国啤酒小史

啤酒在德国有一千多年的历史，尽管发源时间更早，但自从中世纪以来，德国修道院酿造啤酒开始，德国人已经将啤酒发展成精彩的文化。

为什么修道院要酿造啤酒呢？据说当时许多德国百姓因为喝了不干净的井水而生病，德国修道院因此发展出酿制啤酒的方法，将健康的啤酒供应人民饮用。不同地区的修道院适应不同的地理环境，发展出独门的啤酒秘方，这种由修道院酿制出来的啤酒，具有浓厚的地域风味。

德国啤酒之所以兴盛，与历代王朝大力推广有着密切关联。1516年第一部啤酒法令颁布，这是关乎啤酒纯度的法令。历代国王对于啤酒的关注与倡导不遗余力，关注着啤酒品质，也关心啤酒产量，使得德国啤酒拥有傲人的品质。

啤酒的品牌名称，甚至它所使用的配方与地域都有绝对的相关性。在德国你可以找到各种风味的啤酒，酿制原料除了有各种不同比例的谷类成分外，甚至有的啤酒还添加了药草去酿制，使

● 各种风味的德国啤酒

之成为一种独具风味的饮品。

▲让德国啤酒更为美味的道具

拜德国啤酒风行之赐，啤酒在世界各地也有了莫大的传播效力。这使得饮酒器具也受人重视，啤酒杯也是啤酒文化中的代表性杂货。

啤酒杯的历史与啤酒一样古老。远在三千多年前古埃及时代，就已经有制造精良的酒杯，这是法老与贵族专用的。而普罗大众则使用陶碗盛装啤酒，在当时使用酒杯饮酒是奢侈与高级的享受。

苏美尔人使用酒杯饮酒，有趣的是，他们喜欢在酒杯中插入一根麦秆来吸取啤酒。因为当时苏美尔人所酿制的啤酒没有经过过滤，啤酒中沉淀大量的谷类与黑麦，所以使用一根细细的麦秆吸饮，可以帮助过滤啤酒中的杂质。

当啤酒传入欧洲后，中世纪的欧洲人普遍使用黑陶罐饮酒，他们大多在家自己酿制并使用黑陶罐盛装啤酒。这种陶罐就是陶瓷啤酒杯的雏形。

●Ritzenhoff瘦啤酒杯

当今，所有的传统陶瓷啤酒杯中，以德国制的锡盖啤酒杯最为精致高级。从配料、脱胎、上釉、彩绘等，需要经过十几道工艺程序，使用50%的高岭土与长石釉烧制，上面或雕刻或彩绘图案，偶尔也有人物图像，杯盖则以铜、银或锡等材质制成。这种陶瓷啤酒杯不仅品尝啤酒风味十足，同时也有很高的艺术价值，至今已成为市场上珍贵的收藏品。

●Ritzenhoff胖啤酒杯

到了19世纪，世界上才出现玻璃制的啤酒杯，这自然是拜工业革命之赐，同时也是因为啤酒酿制技术的更新促使制造工业进步。在1842年以前所酿制的啤酒色泽混浊，盛装的杯子是不透明的陶瓷杯。到了1842年以后，第一种完全透明的淡色啤酒研发出来，自然需要一种透明的容器盛装，以展现清澈美丽的啤酒色泽。这种需求促使玻璃工业发展，而玻璃啤酒杯的出现，使得更为轻巧的啤酒容器成为可能，量产的啤酒工业也应运而生。

尽管玻璃啤酒杯盛行，爱好传统的德国人依然钟情于陶瓷啤酒杯。这种啤酒杯使用硬质陶土烧制，能有效保持啤酒的温度。陶瓷啤酒杯可说是德国人历久不衰的经典生活杂货。

▲ 酒杯的规格挑选事关美味

慕尼黑的啤酒是世界上数一数二的，当地不仅啤酒馆云集，也因为啤酒美味、当地人爱好支持，多年来形成了独特的啤酒美学。

慕尼黑人倒啤酒的技术为世界称道，当地酒馆师傅倒一杯啤酒需要花上七分钟时间。为什么呢？先在酒杯中注入约三分之一分量的啤酒，等个两分钟，再倒入一些；接着等泡沫慢慢消去，再在杯中继续倒满啤酒。这样将一个啤酒杯倒满，需要花费七分

●Ritzenhoff把手啤酒杯

钟。

这七分钟的等待，足以让啤酒与空气充分接触，因而产生更为美好的风味。这关键的七分钟，慕尼黑人掌握得刚刚好，因为愿意花心思在小细节上，自然能让客人品尝最美味的啤酒。

慕尼黑人倒啤酒的技术固然一流，然而他们更懂得挑选好的酒杯。慕尼黑当地的啤酒杯比任何地区的酒杯底部都要厚，主要是考虑将啤酒倒入后，可以避免桌面上的温度促使啤酒温度快速产生变化。因为过高的温度会降低啤酒的美味。讲究的慕尼黑人还要求使用相应合适的酒杯，才能与不同啤酒的风味契合。使用深筒状的啤酒杯，可以避免泡沫溢出；高脚啤酒杯最合适盛装水果风味的啤酒。爱好啤酒的慕尼黑人在啤酒杯的选择上一点也不马虎。

▲ 啤酒国度下的酒杯设计

或许因为德国人如此爱啤酒之故，来自德国的品牌啤酒杯也相对显得特别出众。自从玻璃工业盛行后，德国小镇的玻璃品牌纷纷崛起，擅长制造玻璃器皿的Ritzenhoff，便把一只只啤酒杯当作挥洒创意的画布，每只啤酒杯都拥有不同的故事。

色彩斑斓绚丽的Ritzenhoff啤酒杯，使得品饮啤酒的心情更为畅快。高挑细致的啤酒杯外形，上面彩绘着活泼线条，令人心神愉悦。在描绘着金色线条或飞舞着银色光圈的高脚酒杯中注入琥珀色液体，平凡的啤酒在那酒杯的装盛下，看起来就像是液体钻石般光耀美丽。

Ritzenhoff让德国啤酒杯不再只是停留于传统形象，它像许多德国工业设计品牌一样，充满着改革现代的精神，将满载着古老的饮品，继续往下一个世纪迈进。

普通民众饮用的啤酒，品味起来有股淡淡清香，就如同生活般具有质朴的气息。然而啤酒之所以能如此深得人心，或许就像它的酿造过程一样，经过长时间发酵与等待，在漫长历史中散发着经典香气，拥有历久弥新的味道，因而使人永不厌倦。这种由文化与血液中与人紧密相连的德国啤酒，或许就是让德国人着迷的永恒魅力吧！

●Ritzenhoff巨星啤酒杯

购物袋的品位

最为普遍的大众生活用品，有时因为太过平凡，反而感受不到它的重要性。然而受到地区国情或环境的政策影响，有的国家连生活中细小的事物，也会特别重视，一如平凡得一般人不会注意的购物袋，就是德国人高度看重的生活杂货。

购物袋是德国人生活必备的物品，设计良好，外观大方朴实，背着或提着走在路上，既环保又有品位，这是在环保大国里普遍风行的一种日常生活杂货。

▲德国人生活的购物袋

重视环保的德国人，平日出门有自备布制购物袋的习惯，朴素而具品位的购物袋，就如同每天都要进行的环保分类工作一样，是德国人生活中不可或缺的一部分。

◎ 使用迪斯尼包装袋来包装葡萄酒，颈口扎上蝴蝶结就很赏心悦目了

● 我最喜欢欧洲店家的手提袋，造型简约，配色大胆有品位

●琳琅满目的购物袋，构成我的生活版图

在德国无论是品位独具的时髦上班女性、身穿笔挺Armani西装的职场精英，还是银发老夫妻、穿着Nike运动服的酷小子，走在路上他们的共通装束一定是背有一只白色布袋。这种运用白色棉布缝制的布袋，有着长长的提手，方便背在身上。无论是超市采买，还是休闲逛街，这只布袋都可以应付随时或目的性的采购需求。因为，德国人可不愿意再花钱来采购一只购物袋，这既浪费钱又有损于环境保护。对于无益于环境保护的事情，德国人是不愿意多花心思投入的。

　　而他们避免多花钱购买塑胶购物袋，也是有道理的。因为在德国购买塑胶袋的成本很高，一只购物袋非常昂贵，价格可以购买一盒鸡蛋或一大瓶牛奶，难怪德国人要反复地使用白色棉布袋，因为塑胶袋的代价实在太高了！

　　德国人使用白色棉布购物袋的比例非常普遍，那只棉布袋看起来朴素平凡，就像是面粉袋一样。爱美的时髦人士或许不能容忍，穿着正式衣着却要背上一只白色布袋。但是，把环境保护看得比什么都重要的德国人，情愿忍受着不便，也不愿意做破坏环境的行为。何况，白色棉布袋在德国似乎成为一种共通的时尚配件了呢！

▲设计的购物袋

　　于是有设计师专门设计购物袋，既然要每天使用，就在购物袋上面变化花样与图案。即便简单的设计，也尽量少使用多色印刷与大片原料上色，最常见的购物袋，还是以白色棉布为底，用极简的单色线条在上面勾勒简单图案或标语，如此在设计中力求原料的极简，可说是德国人的特质之一。

◎简便可折叠的购物袋，不用时可收纳在小袋中

原本素朴的布制购物袋，由于非常好用，而且还能有效地塑造品牌形象，成为一般商店或百货公司所乐于采用的赠品，尤其德国是一个商展大国，每年有数不清的贸易商展在各大城市举行，各厂商最喜欢赠送布制的商展用手提袋，来吸引客户的目光。

科隆的家具展、法兰克福的礼品展中人潮如织，几乎人人手上都会提几只各大厂商提供的手提袋，上面往往有很漂亮的设计与亮丽色彩。由这些提袋可以反映出欧洲人相当注重购物袋的品位与美感，即使是一个小品牌的东西，也相当重视购物袋传达的美丽讯息。

如果要搭配衣服，那么一只好用又美观的购物袋提包，或许就可以解决爱美的顾虑。藤制手提袋或藤篮非常适合用来作为购物提袋，藤编的篮子质地非常坚固耐用，宽敞的内空间可以装入蔬果或任何物品，颜色也非常优美，能合适地搭配各种衣服，藤篮是一年四季都非常好用的购物袋。

▲ 购物袋小历史

购物袋大约是在1912年由一位美国人Walter Deubner发明，这位在明尼苏达州开设杂货店的老板，当时正在苦思一个方法来提振商店的业绩。透过观察顾客的购买行为，发现他的客人大多只购买双手能够负担重量的物品。于是他开始思考，如何让客户在同一时间多购买一些物品。

Deubner大约花费四年时间找到解决方案，他研发了一种包装提袋，不仅便宜，而且提取方便，容量上足够放入够多的物品。于是，这个购物袋的发明既大大地改变了人们的购物行为，也有效地提振了商店与零售业的业绩。当时Deubner所发明的购物袋是纸袋材质，上面有两个提手，需要额外付费购买。Deubner靠这只购物袋申请专利，甚至在一年之内就成功销售超过一百万只购物袋。

尔后购物袋的形式并没有太大的改变，仅就外观与材质进行设计，创造更多彩多姿的购物袋风貌。

▲老字号品牌的购物袋

试着将各种购物袋设计得美一点，顾客会乐于每天使用。不仅会为企业形象加分，也会让客户自然地爱上品牌。

英国老字号哈洛德百货公司的超市，提供一种付费大型购物袋。以防水布制成的购物袋，上面印满鲜艳的水果与蔬菜图案，可以将鲜花与蔬果装入袋中提回家。由于这款购物袋设计非常美丽，客户不仅愿意主动购买，更乐意经常使用，哈洛德购物袋很自然地成为经典提袋。有人甚至说，提着哈洛德的提袋就好像拥有了整个伦敦。

同样老字号的品牌——国泰航空公司，也是许多人喜爱的航空品牌。它所赠送的购物袋，是许多人经常使用的提袋。因为设计简洁美观，黑色底的袋子上面印着简单素雅的绿色标志，没有累赘的文字宣传，提着或背着走在路上，甚至与一般衣着也能恰切搭配。像这样在设计袋子的

◉ 法国老字号食品店Maxim's的购物袋，看到这只购物袋，就令人期待里面盛装的美味惊喜

◉ 国泰航空送给客户的购物袋，背着它就像是随时随地携带着旅行的感觉上路

同时也能考虑使用者的实际需求，就能够吸引客户认同使用，对于品牌经营也有很好的助益。

▲ 我的购物袋

仔细观察走在路上的人手上提什么样的袋子，也是我生活中的乐趣之一。从提袋的选择，可以了解大多数人的品位。

我很喜欢买葡萄酒，然而葡萄酒专卖店所提供的袋子往往不够美，不是素朴的纸袋就是塑胶袋。因为在市场上遍寻不到好看的袋子来装葡萄酒，于是兴起自己设计酒袋的念头。使用稍厚的仿麂皮来缝制，里面铺上车棉布，具有防撞作用，可保护玻璃瓶不会因为路途中的碰撞而受伤。

买葡萄酒是件美好的事情，理应从过程中好好地享受，想象着今天会与怎样的葡萄酒相遇。明亮又风雅的葡萄酒袋也可以作为礼品袋，如果要赠送朋友葡萄酒，不妨连同美丽的酒袋一起赠送，对方一定会非常高兴。

手提袋就像身上的配件，认真寻觅在生

● 我为了购买葡萄酒所特地设计的酒袋，提着它去买葡萄酒，非常神气

活中常用的美丽购物袋，善加运用在生活中，自然而然就能成为您的随身伴侣。白色朴素的棉布袋，收纳着日用采购物品，同时也收容着一个民族对于生活品质的坚持。从德国人生活中普遍使用的购物袋，我看到了德国人对于素朴生活的追求，对于环境珍惜的心情，这是依然使用着红白塑胶袋的我们，所该学习效法之处。

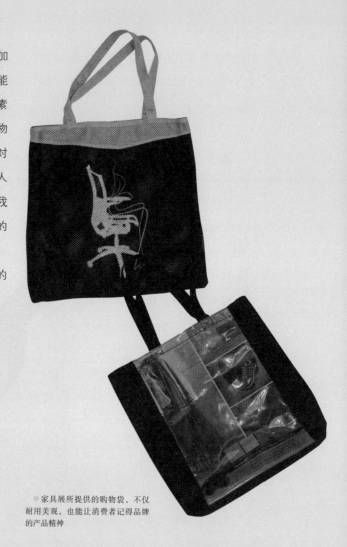

◎家具展所提供的购物袋，不仅耐用美观，也能让消费者记得品牌的产品精神

滋养灵魂的橄榄油

橄榄油是上天赐给意大利人的美好礼物，无论品尝还是作为外用保养品，都是滋润心灵与身体的绝佳圣品。

迷人的意大利咖啡杯

全世界第一只Espresso咖啡杯，是Illy咖啡创办人邀请设计师设计的，由于外观简洁漂亮，很快就由店铺的饮用杯普及为全球的Espresso专用杯。

意大利
Italy

滋养灵魂的橄榄油

让我们爱不释手的杂货，有些是实用器物，有些则是每天都要食用的日常食物。特别是根源于地区文化的天然饮食，吸收了阳光与精华，酿就出只有当地才能品味的好味道，不知不觉地衍生成具有地方风味的物品。

橄榄油便是代表着意大利丰富文化的经典杂货，它不仅是意大利料理的重要灵魂，甚至也是影响意大利人生活与精神的重要良品。

▲ 有文化底蕴的橄榄油

伊朗导演阿巴斯的经典电影《橄榄树下的情人》中，那一圈又一圈浓郁美丽的橄榄园坡地，如同梦境一样诗意美丽，开启着世人对于橄榄油的美丽憧憬。不同于其他油品，橄榄油似乎总与美丽画上等号，不仅因为它来自有碧海蓝天般清澈美景的地方，还由于橄榄油本身散发的碧绿色泽宛若宝石，它的外观与内在都丰富着美的无限追求。

如同外观的清澈深邃，橄榄油本身也充满深奥学问，值得花一辈子时间去穷究。

早在四千五百年前的古埃及时代文献中就有关于橄榄油的记录，圣经中并多有记载橄榄油，它被认为是希望与和平的象征。数不清的史诗与文献中，记载着橄榄树的美妙传奇。荷马史诗《奥德赛》中，奥德修斯将橄

包裹上香草，富有浓重田野气息的意大利橄榄油，仿佛可以嗅到田园的自然香气

榄树枝插入巨人眼中，救活了自己与同伴，因此橄榄树也是勇气的化身。

从悠远的岁月中走来，橄榄油成为意大利寻常人家的日常食用油品。同时，它也是重要的文化与吉祥代表物。历代的典故与记载，将橄榄油与意大利人相联系着，几乎每个重要的庆典与生命庆祝仪式中，都有橄榄油的踪影。

数千年来的重大庆典活动中，人们兴高采烈地高举橄榄油瓶欢呼，也因此它成为婚礼仪式中承载着祝福的幸运物。甚至是新人最常采用的婚宴回礼，选用装在五盎司小瓶中的橄榄油，标签上写有新娘与新郎的姓名以及结婚日期，收到回礼的人都会感到印象深刻，并沾染了结婚的喜气。

▲马虎不得的品油学问

对于油的香气鉴定，意大利人也有一套有意思的学问。他们认为：摘下橄榄没有什么了不起，最重要的是你能否正确地品味橄榄油的真实滋味。

意大利官方制定一套繁复的品油程序，这使得油品的鉴定有了专业依据。经过冷压萃取精炼过的橄榄油，需要由一位专业品油师来进行鉴定，然后给予不同等级的评价。品油过程也不马虎，包括了以眼睛观察油的清澈程度与色泽，接着要闻闻橄榄油的香气以了解品质，最后要品尝橄榄油本身来判定是否

使用彩绘陶瓶盛装的橄榄油作为礼物，能传达意大利人最深切的祝福

陶瓶可以帮助橄榄油更好地保存住风味，彩绘陶瓶又是艺术家表现个性的舞台

为新鲜油品，整个品油过程绝对不输葡萄酒的鉴定水准。

专家们根据橄榄油的酸度与香气来鉴定好坏，并制定橄榄油的级别，包括特级、特优、优良、精纯等四级，而被评比为精纯（Virgin）的橄榄油是品质最好的。对于橄榄油的香气分级，光从形容词就可以了解它是一种多么深沉有趣的油品：香蕉，奶油，青草，苦味的，果香，新鲜，绿色的，绿叶，稻草，坚果，甜美的，浑圆的，温暖的，平稳的……你说，橄榄油是不是一种充满着韵律感的油呢！

▲与橄榄油相关的杂货

意大利人对于橄榄油的依赖之深，加上橄榄油本身富有的深远传奇，使得它成为意大利人生活中寓意颇深的传情礼品。

　　许多人爱上橄榄油是因为意大利料理的缘故，意大利料理餐馆中摆放的瓶装橄榄油，往往是一种诱人的召唤。在修长的玻璃瓶中，腌渍着多种蔬菜与香料的橄榄油，散发着晶亮清澈的优雅绿色。那一排排美丽的橄榄油瓶罐风景，便是通往意大利料理的绝妙通道。

　　用来包装橄榄油的瓶子有很多形式，光是我们熟知的透明玻璃瓶，就有不同的造型，长形的、扁方形、圆形、三角锥形等等，这种完全晶莹透亮的瓶子，能够将橄榄油本身的天然色泽很好地表现出来。

　　意大利当地的专业橄榄油瓶罐供应商可以提供数以百计不同造型的瓶罐，为了适应专业橄榄油商的大量需求。同时还满足着许多在家中自制橄榄油的美食家，能让他们包装具有个人风格的橄榄油，不同造型的瓶罐便成为受人欢迎的礼物。

　　既然意大利人赋予橄榄油如此深奥的意涵，因此每一只橄榄油的包装，也应该郑重其事去对待。如果你有办法酿制出精致又高级的橄榄油，那么它们理应被注入同等精致与高雅的瓶罐中，如此才对得起橄榄油那美好的风味。

　　许多个性艺术家在当地生产与设计具有风味的陶罐，同时也接受特别的订制服务。朴拙又大方的陶罐，陶土的天然质地，散发着与橄榄油十分契合的大地气息。素烧后，艺术家们在陶罐上面彩绘漂亮的花纹与图案，用这种漂亮的陶罐来装盛橄榄油，瓶口上面再扎上

蝴蝶结，就算摆放在家中也是令人心生喜悦的装饰品。

橄榄油也是传达情意的礼品，如同先前说过的，许多当地的美食家有自己动手制油的习惯，因而在当地出现了各种具有个性化的橄榄油。若您没有时间亲自制油，可以到专门的橄榄油店铺，挑选喜爱的橄榄油，放入亲自挑选的油瓶中，选择风格独具的瓶塞（多么与众不同的品位！），最后选购符合你风格的标签，这种个人化的服务在当地非常受欢迎。个性化的橄榄油在派对、晚宴、婚宴中始终是人气不衰的好礼物。

▲保养的橄榄油

作为保养用的橄榄油，可以为肌肤保湿、带来光泽。意大利人就是运用橄榄油来力行每天的基础保养。

意大利人在保养时，保养品或个人沐浴用品尽量都以精简为原则，一瓶橄榄油就能发挥多重功效。由于橄榄油适用于全身各部位，可以免去购买大批保养品的累赘。当皮肤过于紧绷干燥时，意大利女性会调和一颗鸡蛋与蜂蜜，与橄榄油混合后敷脸，能深度地为肌肤提供湿润滋养，使皮肤恢复光泽。

橄榄油有修护皮肤细胞的神奇能力，意大利妈妈们在做菜时，若不慎被热油烫伤手部，因而形成烫痕时，会试着涂些橄榄油，一段时间过后烫伤痕迹也就神奇地慢慢淡化了。

● Colavita橄榄油，在时光的酝酿下，展现美丽的油品色泽

食用橄榄油也是一种极好的肌肤美容方，橄榄油具有活化身体的作用，意大利人特别喜欢在食用沙拉时，使用调制橄榄油为基底的沙拉酱汁。橄榄油的滋润效果极好，不仅可以避免一般油脂类沙拉酱对于身体造成的负担，还有滋润的绝妙好处，称它是身体与心灵的美容师一点也不为过。

▲我的滋养橄榄油

不知不觉地，我使用橄榄油也有两年的时间了。多变的气候里，保湿与滋润特别重要。床前与案头的一瓶橄榄油便是我保持身心滋润的宝物。

无论是穿梭在高空的长途飞行里，还是旅途中的困顿疲乏中，橄榄油都给予我高度的滋养，也提供我深度的灵魂慰藉。

在特别寒冷的地区，夜间睡眠往往会使用暖气。脸部经过一整晚的暖气吹拂，往往变得特别干燥。因此我会在睡前使用橄榄油涂满脸部与手部、脚部，这样，即使暖气再干燥也无须担心。隔天起床，还能感受得到橄榄油的滋润效果。自此，橄榄油成为我在旅行中的保养圣品。

橄榄油是上天赐给意大利人的美好礼物，既可食用，又可作为外用保养，是滋润心灵与身体的绝佳圣品。在变化多端的气候里，学习着意大利人品尝橄榄油调制的食物，再运用橄榄油作为护肤的基底油，相信我们的情绪与灵魂深处也能感受到橄榄油的滋润，因而变得柔软无比。

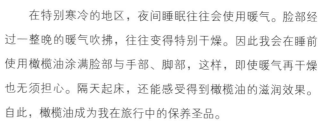

迷人的意大利咖啡杯

每天都要饮用的日常饮品，其实与平民文化有着深厚联结。特别是在意大利，基于民族天性对于咖啡的浓郁热情，咖啡在寻常生活中散发着温醇滋味。

这个传播着咖啡文化的民族，在生活中力行着咖啡品位，同时，更致力于把盛装咖啡的各种器皿，变成一种耐人寻味的好用杂货，使它们更为美丽，具有收藏性。咖啡杯是意大利人手中最具实用与美感的杂货。

▲意大利人生活中的咖啡

意大利人对于咖啡有一种特殊情感，咖啡对于他们来说简直是仅次于白开水的生活饮料。

每天早上起床，意大利人第一件事就是到厨房里抓起咖啡壶，煮一杯使他们最为迷恋的Espresso咖啡。每天早晨要喝过咖啡，才算真正苏醒的意大利人，享受着咖啡带来的美妙感觉与余韵，活力充沛地准备迎接新的一天。

意大利人的早晨时光一直要等到咖啡下肚后，大脑神经逐渐恢复动力，反应开始灵活，心情也会变好。等抵达办公室后，正式工作不久，咖啡时间又到了，十点

这一套Illy典藏杯，由来自不同领域的六位设计大师完成设计。画家、摄影师与形象艺术家为咖啡杯带来耳目一新的创意

六位设计大师分别是：（由上到下）
1.Francesco Illy
2.Luca Missoni
3.Matteo Thun
4. Paolo Cervi Kervischer
5. Maurizio Cargnelli
6.Cosimo Fusco

左右和同事们一边饮咖啡一边讨论工作或互通消息，这是轻松无比的咖啡社交时间。咖啡时间过后大家才会心满意足地回到岗位专心工作。

就这样从早到晚，意大利人的咖啡杯几乎不离手。如果没有自己煮咖啡，也会直接到巷口的咖啡店点一杯咖啡品尝。咖啡店代表着人与人之间的交流，也是人与地方的情感联结，缺少咖啡店，不仅意大利整个文化风景会为之变色，连意大利人的生活情调也会少了很多色彩。

意大利的咖啡是一种社交礼仪，点咖啡的方式透露着你对于当地文化是否够内行。Espresso咖啡一天二十四小时都可以点用，但如果你想点一杯Cappuccino咖啡，请在早上十点半以前，过了这时间点用，这说明你是一个外国人。

▲意大利的咖啡显学

意大利人从生活中热爱着咖啡，甚至将咖啡的质地与精神深入研究，变成民族文化的一部分。

Illy这家老牌咖啡公司，长久以来以提供最为优质的烘焙咖啡豆著称。从1933年开始销售咖啡豆，至今依旧是意大利咖啡的翘楚。

由于生产、销售与宣传咖啡文化，使得Illy第二代传人Dr.Ernesto Illy对于咖啡有与众不同的品位。他将多年来经营咖啡与研究咖啡的心得，通过专属实

行为艺术家Marina Abramovic为
Illy咖啡杯展现的行动艺术作品。海
滩球巧妙地放在每只咖啡盘中央,
展现生命的活力与想象力

验室进行深度的研究与分析，将生活饮品背后的知识，变成一种显学。透过Illy公司的研究，你将发现咖啡是一门高度复杂的学问，现在Illy公司还成立了咖啡大学，提供咖啡研究的专属学分与学位。

在这一门咖啡显学中，尤其以咖啡香气的研究最为有意思：从对咖啡香气的科学研究，就可以理解到他们对于咖啡的用心与执着。先分析咖啡豆在烘焙时产生的香气，接着通过有经验的测试人员，将每一种香气嗅吸后，逐一分离与辨识，然后将香气加以定义。透过气仪分析分离后，吸入鼻子的各种香气就显得多元了，你可以闻到香草、紫罗兰的香气，还有巧克力、玫瑰以及松露的香气，甚至有的香气具有葡萄酒气息，你也可以闻到起司或茶叶的气味。

▲意大利的品牌咖啡杯

意大利人对于咖啡的爱好，同样体现在他们对于咖啡杯的设计品位上，更何况意大利还是个设计大国。Illy不仅销售咖啡豆，也致力于将咖啡与文化结合，像将咖啡杯与艺术结合，就是Illy公司的贡献。

全世界第一只Espresso咖啡杯就是创办人Dr.Ernesto Illy邀请设计师设计的，当时Dr.Ernesto Illy希望能够在店里为顾客提供更为高品质的咖啡，所以便在1990年邀请设计师Matteo Thun设计了第一只Espresso专用咖啡杯。

这只经过精确计算，仔细评量，以工业结构设计的咖啡杯，巧妙符合了饮用Espresso的各种姿势与饮品本身的条件需求：圆杯子配上圆环手把，让手指能合适地套入手把中，以手指的力道承托着；轻巧的重量刚好，使人能优雅舒适地品饮一杯Espresso。如此简洁且外观漂亮的咖啡杯，很快就由店铺专属的饮用杯普及为全球的Espresso专用杯。Espresso的咖啡盘也富有设计深意，简洁的盘中央突起，主要能以稍微的高度来突显咖啡杯的高尚感，运用类似纪念碑台的表现方式，将咖啡杯很好地承托起来，成为既实用又便于欣赏的设计。

Dr.Ernesto Illy认为咖啡与艺术、表达，以及各种人类活跃的思维相关联，因此，应该与艺术文化产生更深的联结。基于对艺术的爱好，1992年他开始邀请艺术家、导演、建筑师与设计师为Illy的杯具设计艺术图案。包括时尚设计师John Galliano、导演费里尼等人皆曾受邀操刀设计，把生活琐事、天马行空的咖啡联想发挥成创意出色的图案，挥洒在咖啡杯上。自此Illy创造出令人赞叹又具有收藏价值的咖啡杯子。

Illy现在每年至多推出两至三款主题艺术咖啡杯，都由知名艺术家与设计师操刀设计。仔细端详每一只咖啡杯，底部都有系列主题名称，还有设计师的签名与年份，每一只杯子并有编号注记。由于每一系列只限量生产三千

●Illy标准咖啡杯中的Cappuccino杯

套，于是等待与收藏这些美丽限量咖啡杯，就成为咖啡杯迷们每年引颈期盼的乐事。

▲阅读意大利咖啡杯

意大利人在历史上对于咖啡杯具的技术推广与传播，也有着深远的影响。

咖啡杯材质大多是瓷器，这是东方的产物，早在公元9世纪，中国的陶瓷师傅就已经开始制作瓷器了。使用石英、长石与高岭土高温烧制而成的瓷器，也就是我们所熟知的China。

在15世纪时意大利也有运用陶器自行研发烧制的咖啡杯具——马略尔卡陶器。这是一种以1200℃高温加上釉药烧制而成的杯具，质地较为厚重，且外观触感也相对较朴实浑厚。

瓷器之所以传入欧洲，是因为意大利人到中国旅行时，发现了制造瓷器的美好技术，便将这种技术带回欧洲。到了18世纪，英国人在制作瓷器的高岭土中加入牛骨粉末，运用高温烧制。由于加入了大约50％的牛骨粉，这使得烧制过程中，瓷土的杂质被消除，因而烧制出更为洁白丰润的骨瓷。它的质地轻薄，具有优越的透光性，更富有一种清润洁白的高级感。

　　而今，为意大利经典老牌Illy制造咖啡杯的骨瓷公司，都是欧洲的知名骨瓷厂商品牌。像德国的Rosenthal，几乎囊括了Illy所有限量艺术咖啡杯的生产制作。

　　挑剔的意大利人如此讲究杯子的制作品质，主要还是希望能突显咖啡本身的美味。好品质的骨瓷咖啡杯具有优越的保温性，同时延展性很强，能保持热咖啡的温度，不至于在室温下太快走味。

　　像Illy所设计的咖啡杯，在杯底还有特殊的聚热结构设计，如此能保持Espresso咖啡所需要的完美温度——91℃。

　　之所以选用高档骨瓷公司生产，主要考虑到咖啡杯的设计图案能被精美地呈现。唯有精准严格如Rosenthal，使用高达49％的牛骨粉来烧制骨瓷咖啡杯，才能创造出表面细滑、质地轻巧又坚硬的品质——如此才能完美地表现繁复多彩又精细的咖啡杯图案设计。质地细密的咖啡杯也很好维护清洗，杯面紧密且毛孔细小，咖啡垢便不容易附着于杯面上。

▲我的意大利咖啡

　　我喝咖啡已有多年历史，也拥有整组Illy Espresso主题咖啡杯。这是多年前好友送我的礼物。那是来自1994年的彩绘动物收藏系列，有一只只色彩鲜艳、造型活泼的动物，飞越在每只咖啡杯上。无论是蟒蛇、鳄鱼还是瓢虫、乌龟等造型，都充满着浓烈又狂野的风格，散发着浓郁的南美风

● 以色列裔美籍艺术家Steinback以黑白抽象图案，在咖啡杯上呈现"无限"与"无极"的概念

味。那蓝色为基调的咖啡杯身，爬满了攀藤的植物，川流的河水与沙漠，活泼的动物穿梭其中漫游，构筑一个既神秘又狂野的世界。浓烈又抢眼的设计风格，让我每次品味Espresso咖啡时，都感染了无穷的活力。

一只只咖啡杯，传达着意大利人精湛的生活美学，它将咖啡的质素贯彻到生活中，拉高到艺术层次。那是从高贵人士到普罗大众都欣然爱好的国民饮品，也是复活着意大利人思维的灵魂饮料。它将继续伴着意大利人的天生美感，继续创造与新生，让咖啡杯的魔力不断地传递到更多地方。

Illy于1999年与纽约新秀设计师碰撞的艺术火花

比利时摄影师Michel Comte于2002年为Illy咖啡典藏杯掌镜的作品，咖啡杯上飞翔的白鸽，象征和平可以冲破暴力的威胁

各种Illy典藏杯

暖阳下的棉被拍

上海秋冬冷湿多雾，若有难得的好阳光，人们就迫不及待地将衣物与棉被拿出来暴晒。这是家家户户晾晒棉被的全民运动，也形成了特别的城市文化景观。

朴实的白色珐琅锅

白色珐琅锅造型简单，散发着素朴美感。几乎每个上海家庭都备有这种珐琅锅，它与弄堂里的天光水影一样，停留在大多数人的记忆中。

暖暖的热水壶

在物质不丰富的年代，富有巧思的上海人会趁夜晚在热水壶中倒入滚水，然后放入一把米，隔天早晨起床时，就可以吃到一壶热腾腾的粥。

好用的锅刷子

在上海生活找到的一把锅刷子，如同魔法般的，改变了日常洗刷的品质，让我爱上这平凡的厨房用具。

暖阳下的棉被拍

仔细观察一个地方的生活习惯，往往可以找到有代表性的小物，那是只有当地人才会使用的道具。虽然看起来一点也不起眼，价值也不高，却因为具有地方文化色彩，适应着人民需求而产生，这样的生活杂货往往格外地令人感到温暖，抚触着就能感到生活气息。在上海所看到的棉被拍，就是这样一种散发生活香气的杂货。

▲独特棉被拍

上海的藤制长拍造型很独特，几乎家家户户都有一只，每个小市场或五金行也都会贩售。这造型很有意思，由三个藤制圈圈绑在一起，下面系有一根藤制长柄。第一次在上海的五金行看到时，还不清楚这道具的用途，后来才逐渐地了解到这是上海独有的棉被拍，专门用来拍棉被。

上海人特爱晒棉被，也特别喜爱将洗好的衣物晾在竹竿上，然后伸出屋外放在特制的栏杆架暴晒。到了天气晴朗的日子，无论是狭窄的弄堂小区，还是新开发的新式大楼里，所有人都同步地将衣服亮出，形成一片五彩缤纷、衣海飘扬的壮观景象。第一次光顾上海时，我还着实被大小巷弄

◉上海人最常用的藤制棉被拍，具有轻巧、弹性十足的耐用特性

之间飘扬的衣海景观所震惊，无论是外穿服还是内衣裤，上海人一律大方地让它们悬挂在窗外飞扬，堪称奇景。

这或许与上海秋冬冷湿多雾的气候有关，虽然位于南方，上海低温时也有1℃到-3℃的严寒纪录，冷空气过境时，湿冷的寒气是冷到骨子里的寒彻透心。

而上海不像北方城市有供暖的设施，像北京从每年11月中旬就开始提供家家户户暖气。但南方的城市，除非自己家中装有暖气机，否则屋内的冷空气要自行解决。许多在上海弄堂里的人家，屋内没有暖气供应，整个冬天笼罩在阴暗潮湿的空气中。而自家阳台上晒的衣服，也往往无法晒干，衣物总有一种阴干的腐味儿。

湿冷的空气也往往使得棉被变得又重又湿，夜晚像是拥着石头入睡一样沉重。湿气重的棉被不仅影响健康，也使睡眠品质降低。因此，若有难得的阳光，上海人就迫不及待地将所有的衣物、床单、棉被一起拿出来暴晒。这是家家户户晾晒棉被的全民运动，也形成了特别的城市文化景观。

▲拍打棉被的全民运动

● 改良过后的棉被拍以塑胶制成，多了便利的优点，却少了拍棉被的"味道"

而晒棉被与打棉被就是我在冬日暖阳下常见的上海生活景观之一。我常见上海人将棉被挂在阳台上的架子，或是晾在竹竿上，然后手持藤制长柄拍，往棉被上拍打个不停，这样就能够将棉被上的灰尘啊、杂质啊等等拍掉。

轻轻地拍打棉被还能够让被子恢复弹性，让湿气压得扁平的被子，重新在阳光下复活，如此又能够再度在寒冷的夜里温暖人心。

棉被拍也可以用来拍地毯，上海是个地毯盛行的城市，南方城市的地毯制作技术十分精良，再加上上海冬天室内温度较低，保暖的织品对于居家相对重要。因此，家家户户在冬天铺地毯成了普遍之事。而拍打地毯也就成为阳光日里进行的生活运动。

如果是小区（社区）里的人家，普遍在住房之间都有一块小空地，那么大家就将屋内的椅子搬出来，排在空地上，然后铺上自家棉被与大型地毯，开始晾晒，最后再运用棉被拍来拍打。一般都是家中的女人或祖母在做这些工作，有时在假日，也会看到全家出动晾晒棉被的光景，非常有意思。因为是家家户户出动，有时不知情的外地人，还会以为上海人在赶集办活动！

晒棉被的时间也有学问，上海人绝对不会在下午3点后出来晒棉被。就算是有太阳的冬日，到了下午3点，冷空气又开始弥漫，湿气也会变得深重。若在此时晒棉被，反而会收到反效果。所以上海人一定会选择在早上10点到下午2点之间的时段，这时的日晒效果最好，空气的湿度也最低，趁着天气晴朗晒被子，然后在天阴之前收被子，这也是地道的晾晒学问呢！

▲现代化潮流下仅存的小物

上海的全球化脚步是全中国最快的，它要赶上全世界的步伐，于是，在政策指引下，所有的旧日街景，巷弄、小弄堂、老建筑，逐渐在消失中。取而代之的是更新更高的摩天建筑，以及世界上的各种品牌商场，全部在上海聚集。

●冬天的暖阳下，晒棉被成为上海人家家户户重要的大事

　　即便在上海的超市，也难以找到旧日生活的氛围。现代化的气息将怀旧东西擦拭得过于干净，于是快速方便的便利商店逐渐取代了小社区里富有生活气息的杂货小店铺。

　　因此，要找到还有点生活气味的小物，在上海确实非常费劲。哪怕是微小的东西，也逐渐在现代化的洪流中，慢慢被赶到垃圾桶里。而藤制的棉被拍，是我在上海生活中，感觉还仅存的几样小物之一。

　　哪里可以找到棉被拍呢？在五金店、小市场、流动市集与上海人最常光顾的小杂货店都可以找到棉被拍的踪影。甚至那种流动的生活道具小摊贩，也有卖着棉被拍的。可是，在上述这些地方，我也不禁担忧着，或许棉被拍也即将慢慢在上海这个城市消失。因为上述店铺慢慢因着现代化大楼的兴建，被夷平，被取代。可以预见的是，要找到棉被拍这种器物，也会越来越不容易。人们会慢慢发现，他们不再能够像以往一样自在地拍打棉被了。

现代化不仅让小社区消失，连带地让古早生活的习气也一并被拔除。上海虽然现代化发展快速，但都是硬件的改变，人的习惯与风俗并无法因为现代化而快速改变。习惯在旧式巷弄中晾晒棉被的阿姨，就算住进高楼大厦，依然会有一样的需求。于是，悬挂衣物的旗海照样伸出了大厦窗外，在高楼墙外飞扬。这让上海市政府无法容忍，因为这样会影响上海的国际形象。

所以早些时候上海政府通过一则条例，规定往后市民不准在大楼内外晾晒衣物与棉被，因为会影响市容。于是现在只能在仅存的旧社区与还没有拆迁的小弄堂中，偶尔看到晒棉被的温暖画面了。

▲我的棉被拍

曾几何时，我也加入了晒棉被的行列，在绵密冬雨之后，偶有的晴朗天气，我总会将棉被放在阳台上晒一晒。吸足了饱满暖阳的棉被，铺在床上就能够嗅到太阳的气息，又蓬松又温暖，这是冷冬阴雨天最为幸福的享受。

我没有拍棉被的习惯，但却喜爱这种造型独特、深具平民生活味道的小道具，因此也买了一只放在家中，作为居家装饰的一小抹风景。同时也作为生活在上海那段时间的温暖信物，看着它，仿佛能够听到街坊阿姨们此起彼落拍打棉被的声响，啪啦啪啦啪啦……如此动人的声音，是平民生活杂货才创造得出来的美妙乐音。

朴实的白色珐琅锅

镌刻着时代印记的日常杂货，记载着一个地区人们的生活方式。如同白色的珐琅器皿，如影随形地在上海人们的生活中扮演着重要角色。尽管在时代的洪流中，有许多物品早已随着现代化脚步而消失或褪色，但白色珐琅锅却是上一代上海人寻常生活的印记，至今，这些印记仍鲜明如同电影般每日上演着。

●描绘雪人插画的珐琅长柄锅

▲上海人的珐琅锅

每天清晨在上海的小社区，总能瞧见上海男人穿着短裤皮鞋，拿着一两只珐琅汤锅，匆匆赶往大门口。这是早晨打豆浆的光景，行走奔跑时铿锵的珐琅锅声响，与豆浆的香气，浸润着早晨的空气，这个景象每天徐缓得如同电影般放映，让人感到又熟悉又温暖。

白色珐琅锅看起来很普通，造型简单，白色温润的色泽，外面镶着一圈蓝边，散发着素朴的美感。然而每个家中几乎都备有这种珐琅锅子，耐用又实际，它与弄堂里的天光水影一样，停留在大多数人记忆中。上海市经济起飞，建设繁荣，但那毕竟仅限于少数阶层，底层普罗大众的生活是简单朴素的，白色珐琅锅依旧普遍存在于市井生活中就是一个实证。

逛着平民化的上海小吃店，无论生煎小馒头，还是排骨年糕，小吃店使用的餐具就是白色珐琅盘，经典上海汤品"咖哩牛肉粉丝汤"就装盛在白色珐琅深口汤碗中。

著名的上海小吃店"大壶春"，以生煎小馒头闻名，它所使用的珐琅餐盘上，有着红漆字"大壶春点心店"的朴实印记，格外使人怀念。

●珐琅制的牛奶锅，长柄锅

上海人使用珐琅锅来拌面，早餐用来泡饭与盛豆浆。稍微大一点的珐琅盆，就用来洗澡洗脸盛水。甚至在有的上海家庭还看得到早年的大型珐琅制浴缸。

珐琅锅可以使用很久，耐摔轻便，可以随身携带，不用担心会打破，价格也很低廉，因此普遍被大众所接受。珐琅锅具有很好的吸热性，保温性很好，也耐腐蚀，因而成为上海市民日常生活中爱用的锅具。

▲早期生活的珐琅锅

珐琅用品也是早年政府单位经常发送的配给品，如一般人家中常见的白色珐琅杯，上面印制着单位名称与号码，上海人称是"劳动用品"。虽然这是种划一的物品，没有变化与设计，以实用性为第一考量，但由这点就可知道珐琅用品在日常生活中的普及程度与重要性了。总之，整个20世纪70年代，白色珐琅用品都是上海最为热门的红火商品。

无盖子的珐琅杯可说是上海最早生产的珐琅器具，特别在20世纪50到70年代之间，珐琅杯都是重点生产的生活必需品，也是政府赠送给志愿军的慰问礼品。另外，珐琅制日用脸盆也是当时常见的珐琅器皿。1925年间，正值五卅惨

●珐琅罐也是好用的调味料收纳罐

案发生，当时中国民间的反日情绪相当激昂，珐琅业者便将爱国标语以及抗日的各种诗句绘制在珐琅脸盆上，在当时可说是相当热销，成为极具特色的一种纪念物。到了20世纪70年代，珐琅制脸盆甚至是当时青年男女结婚时的常见婚庆采购礼品，无论是大红脸盆、描金脸盆还是艺术脸盆，不仅满足上海人的基本需求，也丰富了他们的生活。

上海珐琅业全盛时期所生产的物品还包括饭碗、灯罩、平底锅、饭锅、食器篮子等，这些色彩全白且造型简单的器皿，曾是上海人生活中的全部记忆。

早期上海有修补碗盘的行业，这是因为许多碗盘在使用一段时间后，难免出现裂痕或摔过的缺口，为了让碗盘能够长长久久地使用，于是有了修补碗盘的师傅，轮流巡回在各个弄堂。只要听说修补碗盘的人来了，家家户户就会把需要修补的盘子啊碗啊集合起来，差遣家中的孩子送去修补。

●轻巧又耐用的珐琅收藏罐

然而珐琅器皿普及后，大家不用担心碗盘被摔破的问题，那些使用率较高的器具，改以珐琅器皿来盛装，大大提高了生活的便利性，而修补碗盘的行业也因此慢慢消失在弄堂中。

▲上海的珐琅器皿小史

珐琅器具早在古代埃及就生产了，是金属器表面涂上玻璃质的釉药，然后烧制而成的工艺品。珐琅工艺技术后来传入欧洲，并在大约元代时传入了中国。明朝的景泰年间，宫廷创造了运用珐琅材质镶嵌工艺的景泰蓝茶具，这种技术在制作时先将金属胎内外烧上一层不透明釉做底，然后在底釉上涂饰面釉及花纹图案，然后放入窑中烧制。

尔后到了清朝，景泰蓝的技术流向民间，于是珐琅器皿量产工业开始。而铸铁的珐琅工艺技术源于19世纪的德国与奥地利，不久欧洲产的日用珐琅器皿便传入中国。

中国在20世纪之初才自己建立珐琅制造工厂，而中国第一家珐琅工厂就位于上海。原本位在上海的珐琅工业都是由英商或日商投资建立，一直到1917年才出现由中国人自创的珐琅工厂，主要生产各种口杯、脸盆与茶盘等生活器皿。上海可说是中国珐琅工业的起源地与集中地，在技术与研发上，都对中国珐琅器皿的产业发展产生了深厚的影响。

珐琅制造业在20世纪70年代以前都是中国最为重要的轻工业之一，不仅作为政府单位发放的劳动用品，还成为生活用品，可看出其普及的讯息；珐琅工艺制品多次被挑选为赠送外国元首的礼品，也显示出它的分量。1972年美国的尼克松总统访问中国时，中国政府就是赠送一套上海搪瓷三厂生产的熊猫花样珐琅汤盆作为礼品。尼克松回美国后，还把这只珐琅汤盆陈列在白宫里作为纪念。1977年，上海一家珐琅工厂也特地为柬埔寨的西哈努克亲王在北京下榻的饭店打造了一只珐琅彩色浴缸作为赠礼。

▲阅读珐琅器皿

珐琅器皿的特性是非常坚固与耐用，它的外观洁白细腻，有一种温润的光泽，加上传热快速，具有一定的保温作用，还能耐腐蚀，因此历史上普遍被用来制作珐琅保温茶杯与茶壶。

珐琅器皿也是日本军队在大战期间普遍使用的餐具。可以想见，它因为耐用、容易携带以及耐摔的性质，在需要大量移动的军队中受到重视。

珐琅器皿而今有的被我们当作是古董器物珍藏着，有的地区将它改良创新，注入新的设计元素，重新成为新时代的珐琅用品。日本的珐琅用品品牌——野田珐琅就是为珐琅重新注入新设计风格的品牌。造型新颖而色

●一只珐琅锅，具有耐摔、耐磨的特质，所以经得起每天使用

彩鲜艳美观的珐琅茶壶、珐琅牛奶锅，具有古典风韵与新时代创意，让人感受到古早杂货依然有其生命力，单看使用者与设计者能否从中挖掘它的魅力予以创新，不是吗？

或许在当今，富裕使我们忘却了早年生活的各种艰辛，然而看着这些在其他地区仍旧沿用的杂货，在时间堆积中缓缓酿就了生活总体记忆，看起来不突出的白色珐琅锅，会给人一种含蓄温暖的美感。

它能引起我们对于生活的感动，看着用着，就会感到一种莫名的温暖。它是快速消费时代中，难得可见的温柔杂货。

刚到上海时，因为懒得购买大量的电器，所以在杂货店买了一只热水壶，这种热水壶台湾早期也有使用，只是现在都被电热水壶取代。看到这些已经淘汰的物品，某些地方依然使用着，心里就会有种莫名的安慰。

在便利的时代，于某个地方与那些早期曾经使用的生活杂货相遇，内心便

会油然升起一股暖意，这种老式的杂货总能使我对于逝去的古老时光怀抱着怀念与敬意。

暖暖的热水壶

上海目前还有许多人家仍然保留着使用热水壶的习惯，自己烧水、倒入热水壶，成为每天早晨最为重要的工作。在没有电热水瓶与瓦斯炉的年代，这是最为节约与环保的贮水方法。

目前上海人家中看得到的，是那种钢制壶身，外面包裹着一层塑胶外壳的热水壶，有红色、绿色、粉红色等略带俗气的鲜艳颜色。这却是大多数人家每天赖以饮水的生活杂货。塑胶外壳的热水壶比较轻巧，壶盖是一个软木瓶塞，完好地将煮滚热水的温度封存起来。

在一般上海小餐馆还可以见到银色的钢制水壶，构造与家用水壶一样，只是外面没有包覆塑胶外壳，显得比较冷硬，不过考究一点的餐厅的热水壶的瓶身上面，往往还有龙凤的浮雕花样，增添了几番生活旨趣。

更早的热水壶，外壳以铁皮制成，镂空的花样设计，还上了一层水蓝色的漆，看起来光亮时髦。而热水瓶内胆能很好地保持热水温度，无论冬天还是夏天，使用这个热水壶来冲泡茶饮

● 这是最为老式的经典热水壶款式

或烹煮菜肴，都是非常好用的平民生活良品。

　　传统考究些的热水壶更结合了传统工艺，如竹编。使用细竹丝编织成坚固外壳，上面再刷一层桐油漆，包覆着坚硬的热水壶，不失为美丽有巧思的生活工艺品。

　　如果是结婚新人使用的热水壶，就显得喜气别致了。热水壶身不是套着塑胶外皮，而是烤上一层红色漆，正中并有一个大大的"囍"字。把手是银白色的，还有银白色的壶肩，并加上一顶壶盖，使得热水壶看起来漂亮又稳重。这样的热水壶比起当今划一规格的电热水瓶更具有特色，拥有这么一把热水壶的新人，一定也可以感受到送礼者的心意，从每天的热水中品味新婚生活的甜蜜。

　　演变到便利的塑胶外壳热水壶，特点是轻巧灵活，不像竹制或铁皮制热水壶那么笨重。这对于生活的便利性可说是很大的改革。

▲ 热水壶的生活应用

　　热水壶除了供应一天要饮用的热水外，也与平民的餐饮生活有重要联系，尤其是上海人的早餐。大多数老上海人早餐习惯吃泡饭，所谓的泡饭就是将前一天晚间锅中的剩米饭，用刚盛入热水壶的热水冲入浸泡一会儿，然后就着酱瓜与腐乳吃起来，这就是家家户户早期的早餐主食。热水泡饭中有着上海人的精明盘算，不浪费一丁点的饭菜，是节省与惜物的表现。即使今日，早晨走在上海街头，还是可以见到街坊邻居在巷弄里，悠闲地捧着一大碗泡饭的情形。

　　精明的上海人很懂得运用热水壶，在物质不丰富的年代，富有巧思的父母会趁夜晚在热水壶中倒入滚水，然后放入一把米，早晨起床时，就可以吃到一壶热腾腾的粥。这不仅节省了烹煮时间，还可以让孩子一早就吃到热腾腾的早餐。

热水壶的保暖效果绝佳，更妙的是上海人在夏天也充分利用它。早期上海人在夏天，喜欢使用热水壶装冰镇酸梅汤，他们到酸梅汤铺子中，一次买多一些倒入热水壶，在没有冰箱的年代，就能够长期保持酸梅汤的冰镇清透。

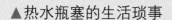
附有托盖的热水壶样式

▲热水瓶塞的生活琐事

或许很难想象，更换热水瓶塞对于上海早期人们的生活也是很重要的一件事。因为软木塞制的瓶塞，经过一段时间频繁使用后，会慢慢松开、失去弹性或磨损，于是需要更换。

上海人经常到商场中购买热水瓶塞，这种看起来非常平凡的琐事，却曾经在他们生活中扮演着重要角色。如果热水瓶塞损坏了，就无法发挥保温作用，进而对生活造成极大不便。

从今天的角度看来，更换热水瓶塞似乎有些不合时宜，然而，这却是一种惜物与爱物的表现，只要更换着热水瓶塞，一只热水瓶就能够长长久久地使用，它甚至是环保的最好器具，因为不需要消耗电力保温。

一直到今天，许多小市集、小杂货店或是流动杂货摊贩，都还贩卖这种热水瓶塞。或许，只要有人还使用着旧式热水壶，那么换瓶塞的摊贩就还会继续存在吧！

▲热水壶与老虎灶

提到平民生活的热水壶，就一定要回溯与上海早期生活息息相关的老虎灶。现今四十岁以上的上海人都知道，老虎灶在他们过去生活中的意义。在没有瓦斯炉的20世纪70年代以前，老虎灶就是烧煮与贩卖热开水的开水店铺。

当时上海并没有瓦斯炉，老上海人每天的生活必须依赖煤球来生火。但是煤球的煤质差，火力又小，熄火的状况经常出现。若临时有客人来需要使用热水泡茶，而热水瓶中的水又已见底时，上海人会到弄堂口的老虎灶去买热水。提着热水壶，付上一分钱，就能把烧好的热水带回家。于是，懒得生火打煤球的人，干脆每天早晨拎着一两只热水瓶，到老虎灶打水，这成为老上海人生活中最为写实的剪影。

在20世纪七八十年代，老虎灶遍布于大上海地区的弄堂小巷中，是寻常人家的热能供应站。当然，阴冷天气时，购买热水的人也特别多。然而从80年代中期开始，上海人家开始拥有独立的厨房与卫浴设备，且天然气与电热水器也开始普及，老虎灶就慢慢退出了上海人的生活，与逐渐拆迁的弄堂一起走出了上海人的历史。而热水瓶也与老虎灶一起，成为古早记忆的一部分。但它绝对是老上海人最为怀念的生活杂货。

▲我的热水壶情结

曾经我也拥有过一只粉红色外壳的热水壶，它的热力似乎只能维持一个晚

⬤那一抹带有土气的鲜红，
却珍藏着温暖的记忆

间，在低温接近零摄氏度的上海夜晚，隔天早晨打开热水壶，水早已变温，必须重新烧煮。

　　尽管如此，我却珍惜这只老式的热水壶，它虽然看起来有点土气，却在日复一日的使用中，贡献着热度，如此温暖的水壶让我感受到它的可爱之处。它总能使我升起感恩的心情，对于物资与资源怀抱谨慎爱惜的态度。尽管老热水壶离生活越来越远，但是它留存在我们心中的那一点暖，却是永远都不能忘怀的。

好用的锅刷子

质朴好用的厨房道具，看起来散发着人文气味，让寻常料理过程也变得有滋有味。

一把看起来简单的锅刷子，里面却包含着诸多故事，材质、历史、制造发明者的故事，让原本单调平凡的锅刷子变得丰富圆润起来。在上海生活找到的一把锅刷子，如同魔法般的，改变了日常洗刷的品质，也让我爱上这平凡的厨房用具。

▲上海锅刷子

需要大量使用炒锅的中式料理，最麻烦就是锅子的清洗，然而，许多锅刷子的设计并不理想，总是费力又费洗洁精。万一遇到粘锅时，总需要通过长时间热水的浸泡，才能慢慢刷洗干净。

锅刷子，看起来十分普通且平凡的道具，往往为人所忽略。然而如果连清洗锅子这件事情都有人愿意关注，对于经常待在厨房里烹调的人，会有莫大帮助。好用的锅刷子并不容易找寻，当我在上海意外发现好用的锅刷子时，确实有难以言喻的惊喜！

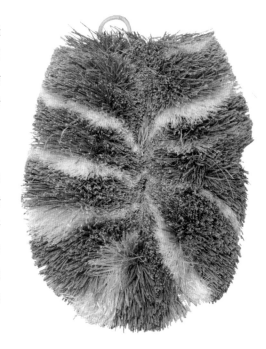

●传统五金店可以买到的锅刷子

我现在常用的天然锅刷子是在上海的小杂货市场闲逛时意外找到的，手把是轻巧的木质柄，浅棕色的毛刷，十分普通平凡的外观。一对夫妻摆了小摊位在贩售，因为听说是申请了专利的良品，价格也很便宜，所以便半信半疑地先买了一把试用看看。买回家试洗锅子后，才发现真的非常好用。因为它不同于过去使用的任何一种锅刷子，总要费尽力气，同时要使用很多洗洁精。这把不起眼的锅刷，只需打开水龙头，在水流漂洗下，以刷子轻轻刷洗煎锅的锅底，如此就能很轻易地将油脂与黏着物去掉，完全不费任何力气。

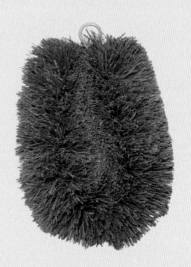

这只锅刷因为具有独特的去油效果，目前已申请专利保护。它的刷毛以一种特殊麻质的纤维制成，比其他草类植物纤维质地更粗，同时也具有一定的光泽。所以它能很好地去除油污，清洗锅具时，完全不需使用任何清洁剂，便可以轻松地将锅子洗干净。

由于锅刷子具有不沾油的特性，不需要洗洁精就能完全洗净油污，我认为这是非常良好的环保厨房用具。使用后只要悬挂在通风处晾干，便能够完全去除水分，保持锅刷本身的弹性。重视使用后的清洁与通风处理，是珍惜与保持道具的惜物态度，如此可以延长道具的寿命，让它们长久地为我们提供服务。

●不同造型的锅刷

● 竹制锅刷子

▲锅刷的研发故事

这只好用的天然锅刷背后还有一个有趣的研发故事。据说它的创始发明者刘昭豹，原本靠着帮人修电器为生，父亲在他十五岁时过世，他依赖修电器的微薄收入与年老的母亲相依为命。

一心想要创业致富的他，每天到处留意创业契机。有一天当他帮母亲洗碗时，看着手中的锅刷，发现不好使用，心想或许可以动脑筋创造更为好用的锅刷子，因为自己可以动手生产，风险也会相对较小。

一开始，他利用白天到处找寻各种植物的根茎来试做锅刷，终于在1998年的9月使用马莲草制造成功。这种马莲草因为根茎多且长，因此很适合用来作为锅刷的材料。试做的一批锅刷很快就卖完了，他接着又选用毛竹根、水草等材料来增加锅刷的类型。

尽管商品销售业绩很好，但是他自己并不满意，认为这种产品并没有很大的特殊性，要进行全国性的销售也很困难。于是再度发动员工找寻搜集各种植物根茎，希望对于配方有所改善。某个偶然的机会，刘昭豹发现奶奶使用一种麻质植物纤维来缝制鞋子，他便想何不试试看。

将麻纤维制成刷锅后，他发现这种天然锅刷在清洗锅子时，产生非常优越的洗净力，甚至完全不必使用人工洗洁精！油污也不会在锅刷上留下痕迹。于是他一举将产品打入市场，以神奇去油刷的名义，受到市场欢迎。同时，产品也如同他当时所预期的，行销至整个中国。

就算是一只小刷子，只要富含着创意与改革的用心，也可能变成一种出色的发明，不是吗？

● 使用一段时间的天然锅刷子，只要晾干，仍然可以发挥去油清洁的功能

▲ 传统的锅刷子

早期的锅刷子大多使用天然植物制作而成，如常用的竹丝锅刷便是采用台

湾的桂竹与麻竹制成，将竹子劈成细丝后，中间加入木柄把手，是传统用来清除锅子污垢的厨房用具。竹子做成的锅刷具有耐热与耐腐烂的优点，是善用传统资源的锅刷子。

而在台湾野外常见的海金沙植物，人们也经常运用它较老的叶轴捆绑成一束后再整齐地剪短，就是最为环保的天然锅刷，也是早期常见的厨房用品。

而现今台湾偶尔会看到的圆形棕刷子，则是日据时代由日本传来台湾的生活器物。一直到今天，在日本还可以找到这种制造手工棕刷的手艺人，数十年来，坚持以手工制作传统用具的热情，着实令人敬佩。

在今日位于山东省的泰山脚下，依然有专门生产以高粱秆子编织的手工锅刷子。自古以来，山东省就是高粱的主要产区，当地人们不仅依赖高粱粮食维生，还将高粱制成高粱酒与高粱醋，成为经济价值颇高的民生作物。甚至，他们连高粱的茎秆也不忘记运用，将其编织成扫把与锅刷，可说与高粱彻底地生活在一起。

据说这种高粱苗筋所编织的锅刷，具有高度的韧性，泰山当地人坚持手工编织，结合工艺，使它成为一种耐用的生活良品，而这个地区性的行业久而久之成了富有特色的当地传统工艺。

▲我的锅刷子

厨房是所有空间中最让我感到安定的地方，在长长的料理台上，使用自己喜欢的道具操作着料理，待在厨房里的时光也就特别愉悦。若都能使用着令人安心的厨房用具，则料理时间会变得更为舒服有趣。

●具有柔顺触感、质朴外观的锅刷子，是环保且耐用的生活良品

　　与自己心爱的厨房用具相遇，有时是件可遇不可求的事情。使用着自己亲自挑选的用具，运用它们在厨房里制作各种料理，不仅便利，自己用起来也很上手。

　　锅刷子就是一个美丽的相遇，天然而好用的锅刷子，省力又环保，它不仅是厨房良伴，也是历久弥新、永不褪色的生活杂货。

自然风格的草编拖鞋

随着使用时间增长，草编杂货会变得亲切好用，最舒服的阶段就是穿得有些松垮的时候，底部的编织肌理被磨得平整光滑，对于双脚一点负担也没有。

舒适宜人的藤器

藤制材质在使用一段时间后，颜色会自然加深，质地也会变得越来越光滑，这使得藤器看起来具有古董般的魅力。

木器的温暖情怀

台湾人早年生活中使用木器的范围非常广，从简单的桌椅、饭匙、勺子甚至到各种大小的桶子，木器可说是深深渗透进台湾生活纹理的杂货。

朴实的竹器

从古早的竹器，不难看出先民的生活智慧。他们不仅将竹子勤俭地应用于生活，更对其进行了高度的艺术表现。

电锅的温情滋味

有人说台湾人吃苦耐劳且能胜任各种绝活，这像极了可以烹煮任何食物且经年使用不易损坏的大同电锅。

中国台湾
Taiwan

自然风格的草编拖鞋

在化学与人造材料充斥的今天，使用天然材质、以手工制作的自然杂货实在难得，它不仅是一种环保的生活态度，也是我们对抗过度包装的一种坚持立场。

台湾有许多运用当地素材制成的手工编织用品，这些传统技艺经年相传，呈现出淳朴自然的风格，在岁月中经营着不变的深情。手工编织的风格杂货无论素色还是染色编织，都散发着无穷魅力，其中，最深得我心的就是草编拖鞋。

▲历史悠久的风味杂货

蔺草编织的拖鞋，物料产自大甲溪，是一种充分取材于本土的悠久风物。

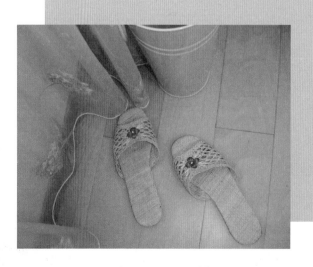

日复一日地使用，草编拖鞋会变成身体的一部分，具有极为舒适的触感

　　清朝雍正五年（1727），台湾中部地区原住民发现当地的蔺草质地结实，拥有极好的韧性，于是运用来编织各种生活器物，像草席与背包等，当时只是编织出器物造型，并没有特别花纹或装饰。直到乾隆年间，编织技术更为进步，蔺草编织衍生了花纹与装饰性图案，这种繁复的花式编织法所编织的草席，还传到北京，被视为珍品。

　　光绪年间第一顶运用蔺草编织的草帽诞生，尔后更衍生出各种产品，草编拖鞋就是其中一种。当时大甲溪一带因为编织技术而闻名，所生产的草编产品受到各地人士注目，不仅行销全球，更吸引众多习艺人士加入，整个大甲溪地区成为蔺草手工编织的重镇。

▲编织的工艺精品

　　草编拖鞋的主要材料蔺草，是中部大甲溪知名特产，生长在大甲溪周围的湿地，以秋冬收成的蔺草品质最适合编织。蔺草品质会因为节令收成的时间而有所不同：秋天收成的蔺草弹性较好，不容易褪色，是编织高级草席的最好材料；而冬天收成的蔺草，质地细腻，适合用来编织背包与拖鞋。同一时间收成的蔺草，也会因为草茎长度不一而有不同价格。越长的草茎能运用的范围越广，自然价值较高。

收成后的蔺草需要先晒干，然后在编织前进行一道"析草"的工序，运用缝衣针将草茎分成数条细草丝，再以析过的草丝编织细致成品。此过程非常细密费工，也使得蔺草编织品成为最具当地人文风味的特产。

▲散发自然气息的风物

编织杂货总散发着一种草的香气，与化学纤维或塑胶制品的触感截然不同。

这种祖母时代就在使用的草编拖鞋，不同于一般卖场所贩售的量产商品，只在鞋底部位以草编制，鞋面却是不透气的布面，这并不能算是真正的草编拖

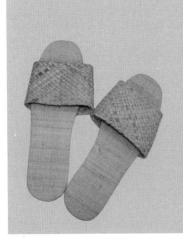

●简单的设计，朴实的外观，草编
拖鞋是最为天然的生活良品

鞋。真正的草编拖鞋是从鞋面到鞋底都是一体性的草编材质，鞋面并有精致的镂空编织做工，非常细巧可爱。

蔺草的草茎含有水分，能保持组织韧性，不会轻易断裂，因此最好的鞋面应该呈现泛白的卡其色。

草编材质本身就有气孔组织，散热很快，穿在脚上完全不会闷热，让人感到畅快舒服极了。而且使用时间越久，越能散发出一种独特的光泽。

就算拖鞋出现脏污，只要使用湿布轻轻擦拭，然后在阴凉处风干，就能保持草编拖鞋的品质。避免阳光暴晒，是希望保持草茎本身的水分，维持其坚硬与韧性。天然制品就是这么奇妙，不是吗！

▲越久越耐用

现在虽然各种化学纤维与人造皮革盛行，但是透气性往往不及自然材质。在炎热的夏季，穿着草编拖鞋特别能让我们的双脚感到清爽、没有负担。

随着使用时间增长，草编杂货会变得亲切好用，最舒服的阶段就是穿得有些松垮时，底部的编织肌理被磨得平整光滑，感觉就像没有穿任何拖鞋般，双脚一点负担也没有。这个阶段的草编拖鞋，像是身体的一部分，有种成熟的一体感。

◎台北市衡阳路上的帽席老店

奇妙的是，原本认为适合在夏天使用的草编拖鞋，现在我即使在秋冬也非常依赖它们。寒冷的冬天穿着草编拖鞋，脚部不但不会感到寒冷，反而还有温和的感受。冬天温暖、夏天清爽的草编拖鞋不仅便宜，而且不会过时，成为一年四季最为好用的居家良品。

▲六十年的古早风味精品

坐落于台北市衡阳路的老店铺"登寿帽席行"至少有六十年的历史。非常朴素的店面，贩卖清一色的草编制品，经历了六十个年头依然服务着钟爱天然制品的老顾客。今天，不知道还会有多少人注意这家老店，据说前来光顾的都是爱好草编用品的老客户。

草席、草帽子、草编拖鞋，这些看来朴素至极的物品，都是我心目中的天然良品，在岁月中持续呼吸着，散发着含蓄的芬芳气息。希望它们能长长久久地继续留存，让更多人也能享受穿草编拖鞋的美好感受。

舒适宜人的藤器

在所有的自然风杂货中，藤篮是最普及与经济的杂货单品。只要运用简单的配件与富有巧思的摆饰，就能在居家布置方面发挥极大妙用。每一只藤篮在经年使用后，往往会产生迷人气息。时间是最好的催化剂，使用越久，藤篮越有历久弥新的感觉，因而成为经典良品。

▲藤器的辉煌史

阅读着藤篮的纹理，仿佛翻开台湾手工制造业最光辉的一页。原来，台湾曾经是藤器的制造重镇！

台南县的关庙，是早期日本人口中的"藤之乡"，许多人以为藤篮是进口品，其实早年大多数藤篮都产自台湾，再出口到日本。步行于关庙乡内，几乎家家户户都以制造藤篮为业。从1968年开始起飞的藤篮编织业，曾经辉煌了至少二十个年头，让这个以制造藤具起家的小镇，成为藤篮的代名词。

● 持续呼吸的藤木材质，会在使用中慢慢
加深色泽，成为饶富魅力的杂货

其实台湾本地并不生产藤这种植物，关庙所使用的藤原料主要依赖印尼进口。那么，关庙藤篮所依赖的又是何种地利之便呢？这要追溯到两百多年前关庙的编竹器传统。关

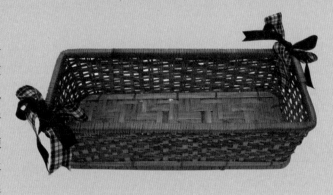

庙地形多山且多竹林，由于当地可用农地不多，于是居民将砍伐下来的竹子编织成各种竹器，遂成为台湾早期具有特色的竹器编织业。

到了日据时代，日本政府看中台湾竹子的丰沛资源与广大人力，从日本派来专业师傅指导编织技术，关庙的竹器因而从原本简单的用品转变成具实用与艺术价值的竹器制品，并大量销往日本，关庙的竹器编织技术慢慢闻名。台湾光复以后，以细腻的编织手工获得世界各地的订单，成为竹器生产重镇。

直到1969年，日本因为国内藤器制造人力工资暴涨，加上竹器与藤器的编织技术相近，于是寻求台湾成为藤器的替代加工地。从印尼引进藤原料，并同时引进藤编技术，经过二十年的努力，终让关庙藤器重现当年竹器外销的风采。

▲充满自然气息的好用藤器

藤是一种来自热带雨林的木本植物，最大特色是拥有很长的树茎，从根部长到芽顶的一根树茎往往能够攀越过两三座山头，具有非常优越的韧性与可塑性。藤的韧度甚至比竹子好，运用来制作家具或生活用品，普遍具有耐用特

性，不容易因为长时间使用而变形。

藤条在应用前需先去掉外皮，然后进行矫直、磨光与裁剪，最后送进约100℃的蒸汽炉中使藤条软化，出炉后的藤条就能够依照加工需求，任意使用模具弯折成所需要的角度与造型，甚至用来编织。加工后的成品最后进行磨光与喷漆工序，即可完成制作。

藤制餐桌、茶几、高脚椅、化妆台，或是屏风，都具有轻巧且不容易被虫蛀的特色。日本著名的藤制家具品牌"丸十家具"所生产的藤制沙发，至少可以使用二十年，也不见其损坏或变形，其耐用程度可见一斑。

▲藤器的经典特质

藤制材质经过一段时间使用后，颜色会自然加深，原本的咖啡色会慢慢转变成古铜色，质地也会因为日积月累的使用而变得越来越光滑。这使得藤器看起来具有古董般的魅力。

除了放置物品，更可以善用藤篮的自然生命特质，与厨房食材相结合。将还没有完全成熟的果实放入藤篮，让它自然成熟，藤篮的优雅风格与散发在空气中的果香融合得刚刚好，对于空间来说何尝不是一种美好的装饰元素。

藤制配件具有宁静柔和的气质，茶色调更散发出轻巧温馨的感受。由于藤器的色系稳定，容易与各种物件的颜色搭配。如果没有预算购买大件

● 淡雅的茶色藤器能很好地软化金属餐具的冷硬气息

藤制家具或柜子，也可以运用不同造型的小巧藤器为居家增添自然气息。无论深色或是浅色的木质餐桌，使用一张藤编垫子，都能使室内产生和谐的天然气息，连带使人的步调也变得缓慢。

▲ 我的藤篮

我有大大小小的藤篮，不同色泽在空间中扮演着不同角色。运用它来收纳用品，与布料或织品结合，往往是空间中最为温馨的装饰道具，也是软化冷调空间的最佳杂货配件。

从古老的岁月走来，工艺师傅们使用细软的藤编织出温柔的篮子，这种历经时代洗礼的藤篮，没有太多修饰，展现最为纯粹的面貌。让人爱不释手的质朴藤编篮子，充满着舒适迷人的魅力。它们是生活中最珍贵的杂货，也是这个时代中能让我们真实体味自然风味的手感良品。

摆进古雅餐具的藤篮，让空间多了点沉静的风味

一只藤篮通常是待熟水果最甜蜜的容身之处

木器的温暖情怀

质朴好用的木制道具，散发着人文氛围，摆放在厨房或客厅中每日使用着，让寻常的生活也变得有滋有味。过去在台湾人生活中具有重要地位的木器杂货，曾经是与人们密不可分的良品。

使用当地原生木材所制成的台湾木器，虽然使用得已不如当年普遍，然而它早日与台湾人民相依的温情，却依然值得怀念。

▲木器历史

台湾人早年生活中使用木器的范围非常广，从简单的桌椅、饭匙、勺子、梳子甚至到各种大小的桶子，木器可说是深深渗透进台湾生活纹理的杂货。

大型的木制家具产地多在大溪，由于早期漳州与泉州移民来此，带来优良的闽南式雕刻传统与制造方式，使得这里有手艺最为精湛的雕刻师傅，而大溪又有邻近木材产地的优势——复兴乡所产的优良红桧与槐木，再加上当

●释放着芬多精香气的桧木浴桶，是许多人心目中的梦幻杂货（林田桶店）

地优质漆料，使得大溪一跃成为举足轻重的木器产地。

无论是居家座椅，还是供奉神明的神桌，大溪的木器都曾经在台湾人的生活中扮演着活跃角色。如今，这条历史街道散发着木器的芬芳与历史的隽永气息，来回寻访其中，总能找到与自己相知相属的木器类型。

值得一提的生活木器还有木桶，台湾在20世纪30年代时，家家户户普遍使用木桶作为浴缸，也用木桶盛装米饭，甚至作为马桶之用。

▲桧木的珍贵密码

在诸多木桶中，又以桧木制的木桶浴缸最为珍贵。对于现今许多人来说，桧木制浴缸意味着奢华与珍贵，是心目中的梦幻杂货。

木制水勺在每天的反复使用中，散发着圆润美丽的色泽

桧木的香气非常舒适，充满天然的芬多精与桧木醇成分，使得每一只桧木桶都具有优越的天然疗效，除了释放香气使人心情愉快外，更有强化呼吸道、镇定神经与帮助消炎等功能。集诸多疗效的天然浴缸并不多见，这也是桧木浴缸令人备感珍贵之

处。桧木浴桶也具有很好的保温能力，保温时间可长达九十分钟，与一般石头或塑胶材质浴缸相比，保温效果更为优越。

桧木桶神奇的优越性要追溯到台湾高山的原生产地地形。在海拔两千多米的山区，高山温度变化剧烈，经年潮湿多雨，这使得桧木的生长相对缓慢，也因此在漫长岁月中形成了非常细致的木质纹理，并拥有耐潮湿与不容易腐化的特性，而它本身的香气也能够防止虫蛀侵蚀。

在制作桧木桶时，能否针对木头纹路来进行切割，往往攸关木桶的优劣品质。好的桧木桶的木质纹理与切割面呈现平行直纹，这意味着桧木桶在热胀冷缩的过程中能保持很好的弹性，会顺着纹路切割面而平行伸缩，用久了也不会断裂。

▲林田木桶历史

台湾早期有许多手工打造木器的店铺，光是台北市就有二十多家。随着木器被其他物品取代，木器业逐渐凋零，如今硕果仅存的林田桶店，依然坐落在中山北路口，以不变的深情与执着打造着木桶。

●造型朴拙可爱的木制大勺

●木制饭桶曾在台湾早年家庭生活中占有一席之地（林田桶店）

林田桶店与木器制作有着深厚渊源，它也是台北最为悠久的老木器店。七十多年来，以亲自选购的木材手工钉制各种木器品。考究的手工木桶必须先将木材锯成直条，以工具

刨过后，运用火烤的温度使木条弯曲成需要的弯度；接着再依序排列与打洞，使用竹钉将所有木条穿起来，最后使用三条铁丝圈绕木桶外围加以固定，如此才算完工。

在快速变迁的时代中，能见到坚持手工打造的木器诚属不易，我认为它是最为珍贵的文化活化石，每一只手工打造的木器更是体现手工价值的心之杂货。

▲我的木器

我偏好设计简单朴实的厨房用品，像木制的厨房用具。木制用具有温暖触感，木制勺子、长柄汤匙、锅铲还有饭匙子，其木质肌理中

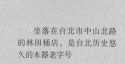

坐落在台北市中山北路的林田桶店，是台北历史悠久的木器老字号

世界杂货散步
中国台湾Tai Wan
SHANGHAI
SLIPPERS
DRESSING CASE

201

●小小的店铺，堆满各种造型的木器，这里是散发香气的木器世界（林田桶店）

都拥有可爱的色泽。

在厨房中使用这些木制用具，能确保食材的原始风味，特别是蔬菜香气不会在烹调过程中流失。制作果酱时，熬煮浓汤时，炖煮牛肉时，用木勺子缓慢搅拌，能让制作的食物更为丰润可口。

无论搅拌汤汁还是酱料，从开始到最后程序都使用木制用具的话，可以保持食物原料不会变味。

每次使用完将木制道具清洗干净，然后一一悬挂在墙壁上，等待着下次使用。这样，一段时间过后，木制用具也会因为岁月与长期使用，越发磨得表面光滑，泛起柔和的光彩。

拥有一个桧木桶的泡澡浴缸，至今仍是奢侈的梦想。然而，怀抱着桧木桶的美梦，在生活中使用着充满温润气息的木制用具，让木质气味深深浸润在生活中，不失为一种拥抱梦幻杂货的好方法。

●用来熬制果酱的长柄木匙，能完好地保持果香风味

●使用多年的木质锅铲，而今散发着古董般的魅力

●十年前买的木柄汤匙，至今仍完好如初地为我服务，只是多了些岁月的古典风采

朴实的竹器

采用原生材料所制造出来的生活器物，不仅具有天然的朴实美感，同时也因为源自土地，而具有浓浓的本地色彩。

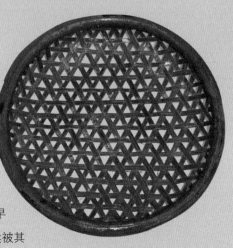

台湾中部山区自古多种植竹子，长久以来，使用竹子编织的各种生活器物，在平民生活中曾占有一定的分量。竹器，从古早时代陪台湾人民走过艰辛岁月，而今，它虽然被其他材质物品所大量替代，却依然不减悠久经典的价值。散发着芬芳的竹器，值得我们深入认识，那是属于这块土地珍贵且真实的生活风物。

◎细腻编织的民艺品，向来在我们的生命礼俗中扮演着重要角色

▲台湾人民生活中的竹器

竹子是非常好的经济作物，它能够制造成种类繁多的生活器物，而且实用性相当高。

在物质并不发达的早年台湾人民生活中，竹器耐用又便宜的特性，使之成为不可或缺的生活用品。

厨房中人们使用刺竹编的粗竹篮装菜，使用大圆形竹筐晾晒腌菜，浅口的竹篮则盛装碗盘，而

●清淡色彩的竹编篮，任何一种食物都能与它产生和谐的共鸣

市场小贩则经常可见他们使用大竹篓来装水果与蔬菜。

具有美丽外观、容量可观的竹篮，也曾是台湾人民生活中的重要杂货，人们使用竹篮盛装食物或礼品，它同时也是婚嫁礼俗中盛装吉祥物与糕点的重要道具。

竹子也可以成为好用的生活家具，特别是鹿港地区所编织的竹席、竹椅凳，以及竹制躺椅，承袭了当地精湛的手工艺传统，将竹制品从日常实用品提升到工艺生活用品的地位。

台湾早期常见的竹篱笆也是使用竹子编制而成，人们还运用竹子编织好用的菜橱，特别是20世纪50年代，冰箱还没有普及时，一般都使用竹制橱柜来保存食物，因为其通风与透气的特质，能起到很好的保存效果。

竹叶也非常好用，特别是用来包裹粽子。每年端午满城飘香的粽子，若缺少了竹叶那一层包装，也难以发散芬芳四溢的迷人香气。竹子甚可以成为食器——传统的竹筒饭，便是将米放置在竹筒中蒸煮或烤熟，制成充满香气的风味竹筒饭。

当时人们还运用竹筒存放饮料或调味料，像酒或家中常用的酱油与醋。从今天的角度看来，这是多么环保又风雅的生活杂货，不是吗！

当然我们最不能忘情的是竹制筷子，早期农家总是直接将竹子砍下，将竹节与竹节之间锯断，然后劈成竹条，再慢慢将尾端修

磨成圆形。这种竹筷子也在台湾早期的饮食生活中占有重要地位。

▲品味台湾竹子

竹子是一种会呼吸的材质，它的伸缩性与弹性极好，就算长久使用也不容易变色或扭曲变形。

说起台湾的竹子，可说是相当具有代表性的产物。自古以来台湾山区即栽植大量的竹林，种有竹林的面积至少十五万公顷，是非常重要且珍贵的产物。

竹编杂货特有一种细致的肌理，摆放一两件竹制杂货在空间，仿佛也能感染它沉静缓慢的气质

亚洲地区普遍都栽植竹林，然而，台湾竹子的优越性却是其他地区所难以比拟的。不同品种的台湾竹子，生长的条件不同，孕育出截然不同的特性。根据每种竹子的特性，创造出各种独具特色的产品，是台湾竹制品最为优越之处。

古老的竹编暖炉，里面放上烧红的炭块，使用时将双手放在竹篓上方，就能感觉热气的包围（林田桶店）

就以最普遍与廉价的刺竹来说，它生长在贫瘠的灰岩地形上，表皮粗糙，但是具有优越的韧性与强度，弹性绝对不会输给藤条，也因此经常是制作竹篱笆与竹篓的材料。这种运用刺竹编织的竹篓，据说一次可以装入数十至数百公斤的物品，对于经常要运送谷物与蔬果的农民来说，是非常便利的生活器物。它也相当适合用来编织传统的农家器具。

台湾产量最多的要算是桂竹了，这是一种表皮深绿色的竹子，由于色泽优美且材质细致，还富有坚韧弹性，很适合用来编织上等的家具，建筑装潢上也经常运用桂竹。台湾孟宗竹的维管束较细致、韧性佳，传统的竹笼都使用孟宗竹编织，它也很适合用来制作竹雕与竹制家具。

▲ 历史悠久的竹器

越往深山走，竹子的品质就越好。因为山里湿气重，能造就柔软细致的竹子肌理，而且深山里的竹子弹性佳、容易弯曲，这在工艺制作上能更好发挥，是莫大的优点。

竹子的采收时间也至关重要，并非越老越好，只有生长时间在四至九年的竹子较适用于工艺编织。因为过老的竹子会很生硬，不容易劈开，在编织时也容易产生断裂；过于年轻的竹子也不够好，不但收缩率大，而且容易产生蛀虫，进而影响竹编作品的美观与品质。

不仅选择竹材有学问，采收后的竹子要如何处理，更影响着竹编工艺的精致程度。需要先进行劈竹的工作，将竹子劈片，然后将竹面磨皮与修整，再开始编织或切片，串联，或钉或打洞，进行穿线等工作。最后则涂上亮光漆，才算完成整个竹制品的工艺程序。

运用竹子制造生活用品，不仅经济价值高，对于环境保护更有积极的作用。大量栽植竹林有助水土保持，竹林对于泥土具固着作用，能防止雨水冲刷土壤地表，因而能有效地预防泥石流。它可说是一种活着的生活良材。

▲今天的竹器

从古早的竹器，不难看出先民的生活智慧，他们对于竹子不仅只是勤俭地生活应用，更进行了高度的艺术表现。

今天，竹子的特性依然为我们所喜爱，但要找到好用的竹编杂货，恐怕也越来越难了！对于竹制生活用具，是否只剩下怀旧的价值呢？

◎竹编的小篮能很妥帖地衬托香辛材料的风味

或许，结合更好的创意设计，与传统工艺匠师的精致手艺，能让台湾竹器有更为耳目一新的展现。运用竹子开发更高价值的生活产业或精致家具产业，也能更有效地利用台湾竹子的优越特性。如此，竹制的新兴生活杂货，便能继续在台湾留存，成为现代生活的一部分。

竹子在悠久的岁月里，于台湾各地绵密茂盛地生长着，以坚韧的精神与质地，保护着台湾的水土，它是活生生的自然材料。衷心期待有更多人能发现竹子的好处，让竹器更为广泛地走入新一代人们的生活中。

◎竹制浅篮

电锅的温情滋味

台湾人民与大多数亚洲地区一样，对于米食有着深厚的依赖。尽管西式饮食日渐普及，但米饭仍是大多数台湾人最为习惯也最喜爱的主食。这使得烹煮米饭的电锅，格外受人重视，在生活中扮演着至关重要的角色。

电锅是台湾生活经验中最为独特的厨房杂货。就算同样以米食为主的亚洲国家，各地的炊具也有很大不同。而台湾的电锅，适应着饮食习惯设计，能胜任煮饭与炖煮食物的双重需求，是与我们生活最为紧密相依的烹调器具。

电锅使我们与米饭建立了温暖的关联，不论寒暑皆以温暖热力喂养着我们，成为与我们不可分割的日常杂货。

▲电锅与平民生活

如果没有到异乡居住一段时间，就无法体会电锅的重要性。每天习以为常地使用着电锅，享用白米饭的香气，也理所当然地认为，天底下所有地方都应该拥有类似的美味体验吧！

然而，在异乡居住过的人都知道，没有电锅煮饭的日子会多么不习惯。一只大同电锅可以用来煮茶叶蛋，自制卤味，甚至用来煮火锅，或是

● 可说是台湾设计传奇的大同电锅，曾经是许多人家厨房中的经典风景，它如同老朋友一样，伴随着许多家庭成长、茁壮，历经风霜

蒸小蛋糕。只要打听过留学生的生活，就可以知道电锅如何在异乡生活中绽放光彩，也因此产生出许多有创意的电锅烹调法。

大同电锅还可以煎制美味的面食、蛋饺，甚至是馅饼与韭菜盒子……聪明的留学生是如何办到的呢？他们将内锅取出，直接在外锅底层倒入沙拉油，然后放入包好的饺子与馅饼，盖上锅盖、按下按钮后，完全不必翻面或照顾，一下子就可以吃到美味的面食了！无疑的，这是海外游子品尝家乡美食的变通方法，由此也可以看出大同电锅是多么的万能！

不仅留学生依赖电锅，它也是家庭主妇的重要帮手。尤其是职业妇女，回到家中非常疲劳，如何运用一只电锅来烹调所有饮食，就是许多人发挥创意之处。由于电锅能够适应蒸煮炖煎等多重菜色，使得许多懒人也能够充分运用电锅来做出美食。

许多人家中的电锅一用就是一辈子，而最为经典的电锅是红色与翠绿色，有人说台湾人吃苦耐劳且能胜任各种绝活，这像极了可以烹煮任何食物且经年使用不易损坏的大同电锅。

▲大同电锅的经典传奇

台湾的电锅与大同牌几乎可以画上等号，这个台湾电器的第一品牌，数十年来让电锅这个简便的器具，与大多数台湾人的生活建立了紧密的联系。

1960年以前，台湾人大多以煤球或柴火生火煮饭，1960年大同公司与日本东芝电器技术合作，生

○这是许多人记忆中难以忘怀的经典白电锅。那一抹白，常伴随着米饭的香气浮现在记忆中（大同白色电锅）

产出第一只电锅，当时堪称是革命性的创举，它在短时间内可以把生米煮成熟饭的简便功能，让许多人叹为观止。

然而当时的电锅售价约四百元，是中产阶级一至三个月的薪水总额，在当时拥有电锅是非常奢侈的享受。然而，电锅确实非常好用，它改变了烹调习惯，缩短了烹煮米饭的时间，让家庭主妇做饭更为便利与省事，于是它开始成为婚嫁礼俗中的重要馈赠礼品。到20世纪70年代开始才慢慢普及，成为家家户户必备的生活电器。慢慢地，电锅不再是奢侈品，而是人人都消费得起的生活用具。

●大同电锅蒸笼

大同电锅从一开始上市时，业务挨家挨户地推广煮饭的方法，到今天它在台湾人生活中随处可见，大同电锅确实在台湾家电史中占有重要的地位。说它是台湾第一电器品牌一点也不为过，很难有其他品牌像大同电锅这样，以一项产品深深影响着全民的生活，历久而不衰！

▲不同的电锅文化

如果说台产大同电锅是平民生活中不可或缺的用品，那么，日本制电子饭锅，在很长的时间都是许多台湾主妇心向往之的梦幻器具。许多人对于日本制的电子饭锅印象深刻，特别是象印牌电子饭锅，在早期人们生活中留下了奢侈印象。

日本制用品在早期台湾人的心目中，一向是高级精品的代名词，举凡衣着、鞋子、手帕，以及生活电器，都是许多人崇尚的精品。

这从20世纪60至80年代，中山北路附近的晴光市场是专以销售日本精品的舶来品街，受到女性主顾们的欢迎可以想见。在当时，日货是最为高级的奢侈品，许多女性以能在晴光市场购买到精致的日本用品而感到满足与荣耀。

◎象印牌微电脑电饭煲（三人份）

这中间还有一个有趣的插曲，由于对于日制电器的向往，早期赴日观光的旅游团往往成为家电采购团。在早期进口物品并不多元发达的时代，许多人有机会到日本观光，会大肆采购日本电子饭锅，有的人一带就是好几个，辛辛苦苦地搬运回来。其中最常见的购买物品就是象印牌与虎牌的电子锅。售价四千五百至四千八百元的电子锅其实是大多数人一个月的薪水，有的是要自己留着使用，有的则是要赠送亲友或转卖他人，早年舶来品店中，日制家庭电器是非常热门的商品。

而在每天要使用的家庭电器中，又以象印牌电子饭锅最受家庭主妇青睐，它漂亮简洁的外观，大而宽敞的内锅设计，煮出来的米饭特别软润美味，因此成为许多女性热烈追求的舶来品。

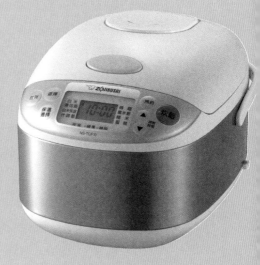

日本的电锅受欢迎，是因着它美丽可爱的造型与炊煮出来的米饭口感绝佳，几十年来，精于包装的日本商人更持续在电锅的外形上精进设计，以求在与日俱增的市场竞争中，持续

象印牌微电脑电饭煲（六人份）

● 随着时代潮流演进，
大同电锅也有了时髦的外
观（大同不锈钢电子锅）

征服全世界的胃口。

　　而精于做生意的香港人所念的却是全世界米食人口的生意经。香港企业家蒙民伟所带领的信兴集团，长久以来以销售日本的电子锅为主业，而后从研发中修正产品，创造出属于亚洲人风味的电锅。他发现虽然同样是米食文化的民族，但是各地的米种不同，民情爱好的口感不同，以及米吸收水分与热力的反应不同，所适应的电锅性能也会有很大的差异。

　　如何生产出可以适应不同米种的电锅类型，是香港生意人勤于思考的课题。于是在吃遍了世界上四十多种米后，根据不同米的特性，搭配适当的火力强度与炊饭时间，量身订做出不同特性的乐声牌煮饭电锅。在这小小的电锅上，我看到了香港人愿意突破重围，努力走出小格局，以适应世界潮流的努力与决心。

▲我的电锅

　　我曾在上海居住过两年余，这期间大多自己做饭。上海当地也有电锅，他们称"电饭煲"，就算同样是米食文化的华人地区，电锅的设计也有如此大的差异。当地的电锅并没有外锅与内锅，于是只能用来煮饭。

　　由于这种电饭煲的底座非常高，内锅容量有限，若想要尝试放入蒸煮的深口碗时，往往会出现锅盖盖不上的窘状。才知道这种电锅真的只适合用来煮饭一途，于是，我格外想念大同电锅的多种功能。

　　我也使用过象印牌的电子饭锅，煮的饭真的很美味，也很便利。但是整体而言，它都无法取代大同电锅的功能。如煮的米饭量较少时，电子锅底容易产生锅巴；而电子锅如始终保持在保温状态时，米饭放在里面持续保温，容易产生异味，也会变硬，较难入口。且电子锅需要呵护与维护，一不小心也容易造成损坏。

　　还是大同电锅好，那内锅与外锅的绝佳设计，完全是台湾人独有、符合台湾人饮食习惯的完美器具。内锅甚至还可以放在瓦斯炉上烹煮，这是电子锅所比不上的。它很平凡却很实在，看起来不起眼却又不可或缺，历久不衰的生活杂货应该就是像这样吧，根据当地人民的生活民情所研发设计的器物，好用且能够使用很久很久。这是最令人开心的台湾电锅！

《世界杂货散步》杂货厂商摄影协力一览表

考虑他人的室内拖鞋

携带式黑色合成皮拖鞋：台湾无印良品图片提供

室内拖鞋与室内鞋袋：元超贸易商品协力摄影

室内毛线袜套：简佳玺摄影

使人安心的收纳盒子

各式收纳盒：台湾无印良品图片提供

彩色收纳盒：简佳玺摄影

发人深省的薰香

彩游馆商品协力摄影／简佳玺摄影

承载文化使命的筷子

若狭涂箸：御多福图片提供

筷子单品：简佳玺摄影

围聚温情的铁板烧炉

台湾象印电器图片提供

纽约客的牛仔裤

Levi's图片提供

Jeans单品：简佳玺摄影

多彩多姿的Bagel

简佳玺摄影

梦幻与实际的化妆包

Bobbi Brown化妆包：Bobbi Brown Taiwan图片提供

LeSportsac化妆包：香港商蓝钟国际有限公司台湾分公司

图片提供／简佳玺摄影

蜂蜜的甜蜜滋味

Burt's Bees图片提供

蜂蜜美食场景：简佳玺摄影

野餐篮中的春天

Optima野餐篮与野餐盒：IF商品协力摄影

Optima野餐篮组合：英国Optima图片提供

迷人的芳香杂货

芳香衬纸：瑰珀翠图片提供

花香袋：洒绿茶馆商品协力摄影

芳香袋／Floris英国芳香产品：简佳玺摄影

优雅的英国帽子

Pearly White商品协力摄影

雨天的外衣

Aquascutum London商品协力摄影

悠然经典的英式红茶

简佳玺摄影／洒绿茶馆商品协力摄影

雨伞的文化逸趣

雨伞袋/棕色格纹伞：莎丽企业有限公司商品协力摄影

Scottish House

经典白绿格伞／经典红黑格伞：积家企业图片提供

创造浪漫的蜡烛

简佳玺摄影

书写故事的丝巾

Hermes丝巾：台湾爱马仕图片提供

Leonard丝巾：台湾Leonard商品协力摄影

丝巾场景：简佳玺摄影

收藏梦想的笔记本

Moleskine笔记本：Page One书店商品图片提供

无印良品PP双线圈笔记本：台湾无印良品图片提供

笔记本场景图：简佳玺摄影

玻璃器皿的魅力

Luminarc家用玻璃：Arc International法商弓箭国际股

份有限公司图片提供

Baccarat：联友企业股份有限公司图片提供

玻璃场景：简佳玺摄影

花草茶的时光

Pompadour花草茶：冬羽股份有限公司商品协力摄影

花草茶饮 / 香草植物: 简佳玺摄影

德国的经典厨房刀具

双立人牌刀具: 台湾双人股份有限公司图片提供

WMF刀具与锅具: 旺代企业图片提供

干杯! 德国啤酒

德国啤酒瓶: 微风广场商品协力摄影

Ritzenhoff啤酒杯: Ritzenhoff提供

购物袋的品位

葡萄酒袋: 缇诗家居提供 / 简佳玺摄影

滋养灵魂的橄榄油

白色彩绘陶瓶橄榄油 / 草编包装橄榄油瓶 /

Raffaelli橄榄油: 微风广场协力商品摄影

Colavita橄榄油: 冈达国际有限公司图片提供

迷人的意大利咖啡杯

Illy咖啡杯: 美福食品股份有限公司图片提供

暖阳下的棉被拍

简佳玺摄影

朴实的白色珐琅锅

珐琅长柄锅 / 珐琅收纳罐: 彩游馆商品协力摄影

水蓝 / 红黑 / 白色珐琅锅: 简佳玺摄影

暖暖的热水壶

简佳玺摄影

好用的锅刷子

传统棕刷、竹制锅刷: 简佳玺摄影 / 彩游馆商品协力

摄影

自然风格的草编拖鞋

简佳玺摄影

舒适宜人的藤器

简佳玺摄影

木器的温暖情怀

木桶: 林田桶店商品协力摄影

木器: 简佳玺摄影

朴实的竹器

竹制勺子 / 竹篓: 林田桶店商品协力摄影

竹制浅盘 / 竹制把手篮: 彩游馆商品协力摄影 / 简佳

玺摄影

电锅的温情滋味

大同电锅: 大同综合讯电公司图片提供

象印电饭煲: 台湾象印电器图片提供

它们是寒冷冬夜里

一杯暖暖的花草茶

是黑暗之中一点烛火

是煮出香喷喷米饭的

好用的锅

是疲惫至极时一双

趁脚的绵软拖鞋……

纽　约　×　牛　仔　裤

法　国　×　笔　记　本

德　国　×　花　草　茶

意　大　利　×　咖　啡　杯

日·　本　×　筷　子